"十二五"职业教育国家规划教材
经全国职业教育教材审定委员会审定
高等职业教育农业部"十二五"规划教材

园林美术教程 第三版

马云龙　覃　斌　主编

中国农业出版社

北　京

内容简介

本教材分美术基础知识与绘画基本技能、专业表现技法两大部分。

第一部分由概述、绘画基础知识、绘图基本造型能力训练——素描、绘图基本造型能力训练——色彩四章组成。第一章主要介绍了美术的分类及沿革；第二章主要介绍了形体结构、形体比例、绘画透视和构图等绘画基础知识；第三章主要介绍了几何形体、静物、风景、石膏像、人物素描及速写的表现形式和手法；第四章主要介绍了色彩基础知识、静物与风景色彩写生的表现形式和手法。

第二部分由园林造景要素单体手绘表现技法、园林手绘效果图综合表现技法、图案的基础知识、插花及盆景的基础知识四章组成。第五章和第六章主要围绕园林手绘表现技能训练展开，介绍了一些常见园林造景要素单体的绘画方法及各种效果图技法的表现形式和手法；第七章和第八章主要介绍了图案、插花和盆景等园林美术必备的常识性知识。

本教材适用于高职高专园林、园艺、环境艺术设计、城市规划等专业的学生使用，也可作为相关专业人员的参考书。

第三版编审人员名单

主　编　马云龙　覃　斌
副主编　康玉莲
编　者　（以姓名笔画为序）
　　　　马云龙　康玉莲
　　　　韩继平　覃　斌
审　稿　韩大为　翟文慧

第一版编审人员名单

主　编　马云龙
副主编　任全伟
参　编　李永范　张殿伟　张新山
　　　　金文子　朱　虎
审　稿　朱振海

第二版编审人员名单

主　编　马云龙
副主编　孟庆英　牛兰永
编　者　（以姓名笔画为序）
　　　　马云龙　牛兰永　孟庆英
　　　　康玉莲　覃　斌
审　稿　宋玉成　翟文慧

第三版前言

本教材是根据全国高职高专园林专业学生现有美术知识和技能的实际掌握情况和从事园林工作所应具备的美术知识及技能的实际需要而编写的。全书内容分美术基础知识与绘画基本技能、专业表现技法及应用两大部分。

本教材在编写时根据高职高专园林美术课程教学的实际需要和学时数的实际情况，对教学形式和教学目标进行了划分和设定。教学形式划分为必修、自修和选修三种形式，教学目标设定为了解、掌握和拓展提升三个层级，并在每章节做了相应的标注提示，例如：

（必修）了解　即通过课堂讲授，学生能了解相关知识即可；

（必修）掌握　即通过课堂讲授和训练，学生必须学会和掌握相关知识和技能；

（自修）了解　即通过学生自学，了解相关知识即可；

（自修）拓展提升　即根据学生的个性需求和发展，通过学生自学，学会和掌握相关知识和技能；

（选修）了解　即根据不同学校或不同专业的实际需求情况，有选择性的作相关知识的了解性学习即可。

本教材由马云龙（辽宁林业职业技术学院）、覃斌（辽宁林业职业技术学院）主编，参加编写的还有康玉莲（山西林业职业技术学院）、韩继平（潍坊职业学院）。由韩大为、翟文慧审稿。

因为时间仓促以及编者水平有限，本教材难免有许多不足之处，希望得到同行和各位专家的批评指正。

本教材采用了大量的优秀作品作为图例，在此对所有选用作为范画的作者表示诚挚的谢意。由于时间仓促和联系不便，致使没能事先与范画作者进行沟通表示歉意。希望范画作者看到此教材后与本教材主编联系（联系地址：辽宁林业职业技术学院 邮编：110101）。

编　者

2014年1月

第一版前言

本教材根据全国高职高专园林专业学生现有美术知识和技能的实际掌握情况和从事园林工作所应具备的美术知识及造型技能的实际需要而编写的。具有针对性、实用性、可操作性和提高学生欣赏、审美水平等特点。分概述、绘画造型能力训练、插花及盆景基础知识和欣赏四大部分。

第一、二、三、四、六、七、八章由马云龙编写；第五章由马云龙、张新山、朱虎编写；金文子、李永范、张殿伟、任全伟同志为本书的出版做了大量的工作。

在编写过程中得到孟昭武、罗凤琴、宋清斌、赵会珠等同志的大力支持。朱振海先生审稿，并提出了许多宝贵意见。辽宁省林业学校为本书的完成创造了许多有利条件，在此一并表示感谢。

由于编者水平所限，加之时间仓促，教材中错误和不足之处在所难免，希望各院校在使用中多提批评和建议。

本教材采用了大量的优秀作品作为图例，所以在此对选用作为范画的作者表示诚挚的谢意。由于时间仓促和联系不便，致使没能事先与范画作者进行沟通表示歉意。希望范画作者看到此教材后与本教材主编联系（联系地址：辽宁省林业学校　邮编：110101）。

编　者

2003年6月

目录

第二部分　专业表现技法及应用

第一部分

美术基础知识与绘画基本技能

第一章

概　述

学习目标与学习建议：

建立起对美术的一个全面、正确的认识，即认识到美术是一种造型艺术，它不单指绘画，还包括雕塑、建筑和工艺美术。学习者应了解各种造型艺术的种类、不同表现形式及代表作品。

美术，也称为造型艺术，通常指绘画、雕塑、建筑和实用美术（也称为工艺美术或设计美术），是社会意识形态之一。美术这一名词始见于欧洲17世纪，也有人认为正式出现于18世纪中叶，近代日本以汉字意译，“五四运动”前后传入中国，开始普遍应用。

园林美术是作为一个园林工作者，所应具备的相关美术知识与技能。

第一节　绘　画

绘画包括许多种类，常见的有油画、水彩画、水粉画、版画、中国画等。

一、油画 （必修）了解

油画，11世纪发源于尼德兰，以杨·凡·爱克为代表，改变了过去的以蛋胶调和粉状颜料作画的传统方法，而以油性物质调和粉状颜料作画。

17～19世纪，油画再现客观物象的技法已达到高峰，同时，在历代大师的不断探索改进下，使这一绘画形式有了更为多样的表现方法。

在19世纪60～70年代，当艺术家不再满足于已有的表现内容和表现形式时，艺术形式便不断更新，产生了色彩革命的印象主义流派。这是一个将表现传统内容为主题（主要是宗教题材），改变为无论什么都可以进入画面的时代。光和色成为画面的主角。

阿尔诺芬尼夫妇像

杨·凡·爱克（1390—1441尼德兰）

19世纪末至20世纪，由后期印象派启动的主观表现倾向导致了绘画由客观表现进入主观表现时期。

油画传入中国是在18世纪20年代，但形成气候只有半个多世纪。

册页 八大山人（明末清初）

山水 黄宾虹（1865—1955）

马 徐悲鸿

写意花鸟 林风眠

危峦耸秀 张大千

虾蟹图 齐白石

日当正午 潘天寿

工笔人物 何家英

写意人物 梁楷（南宋）

工笔花鸟　　陈佩秋

写意花鸟

八大山人（明末清初）

松魂　　吴冠中

内容提要：主要介绍中国画表现成熟后各时期的作品，如山水的各种表现手法，工笔花鸟、写意花鸟、工笔人物、写意人物及一些知名画家的代表作品。

第二节 雕塑 （必修）了解

雕塑是雕、刻、塑三种制作方法的总称。雕塑是以各种可塑、可雕、可刻的材料，制作出各种具有实在体积的形象，一般分为圆雕和浮雕两类。

马踏飞燕 青铜（中国）

卧 马 石雕(中国)

胃土雉 泥彩塑（中国）

罗汉坐像 局部（中国）

乐山大佛 （中国）

人民英雄纪念碑 浮雕 刘开渠（中国）

艰苦岁月 铸铜 潘鹤（中国）

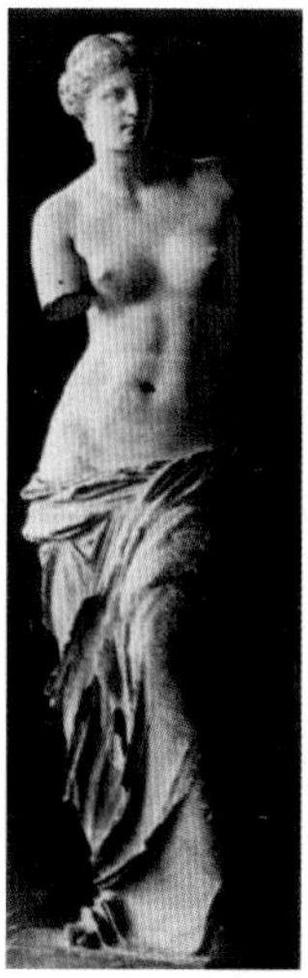

维纳斯
（古希腊）

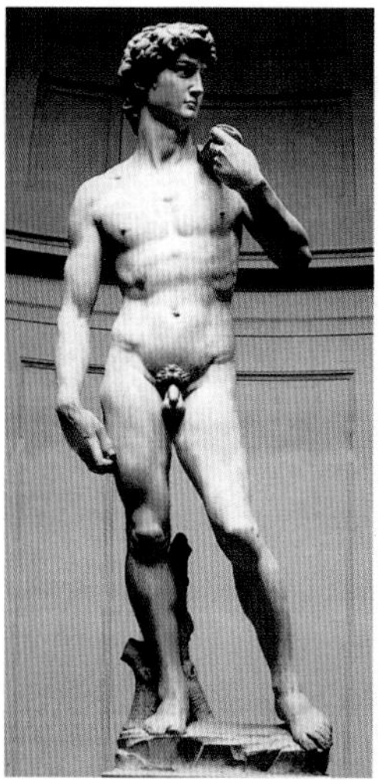

大卫
米开朗基罗（意大利）

沉思
罗丹（法国）

三件卧像　亨利·摩尔（美国）

旅游者　杜·汉森（美国）

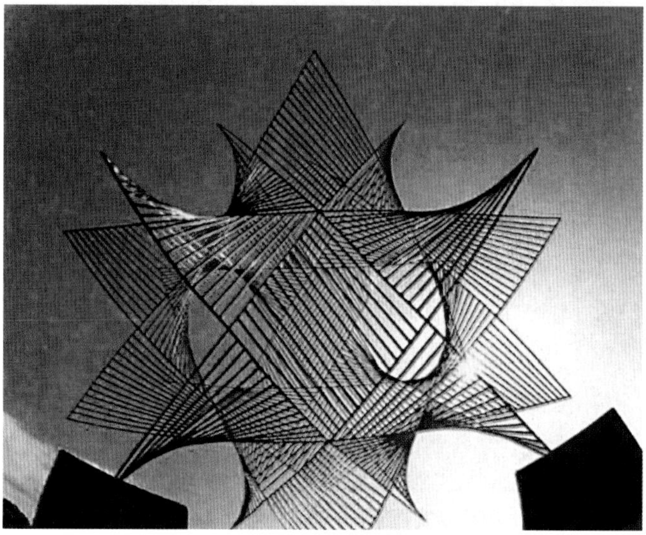

大连新港现代雕塑

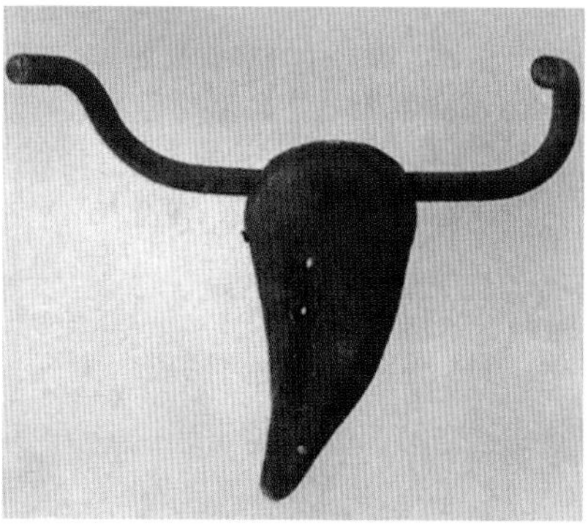

公牛头　毕加索（西班牙）

内容提示：主要介绍圆雕、浮雕、城市雕塑及古、今、中、外部分代表性作品及表现形式。

第三节 建筑 （必修）了解

建筑艺术是指通过建筑群体组织、建筑物的形体平面布置、立面形式、结构方式、内外空间组织、装饰、色彩等多方面的处理所形成的一种综合性艺术。

中国建筑，在宋代以前遗留下来的主要有河南登封嵩岳寺砖塔（公元520年）、河北赵县安济桥（隋代）、西安的大雁塔（公元652年）。其以后木制结构居多，主要代表作有山西应县佛宫寺的木塔（公元1056年）、山西太原晋寺（宋代）、北京紫禁城及宫廷建筑群（明、清代）等。

拙政园 （中国）

故宫 （中国）

在西方，建筑艺术十分盛行，在没任何黏合剂的情况下，于公元前5世纪建造了巴特农神殿；在古罗马时代首先使用了水泥，使建筑业得以飞速发展，中世纪最著名的建筑风格是罗马式和哥特式。

罗马式建筑——比萨斜塔

（意大利）

哥特式建筑——米兰大教堂

（意大利）

中外建筑欣赏

天坛　　（中国）

悬空寺　　（中国）

江南居民建筑　　（中国）

西安大雁塔　　（中国）

福建客家土楼　　（中国）

国家体育场　　（中国）

巴特农神殿　（古希腊）

罗马圆剧场　（古罗马）

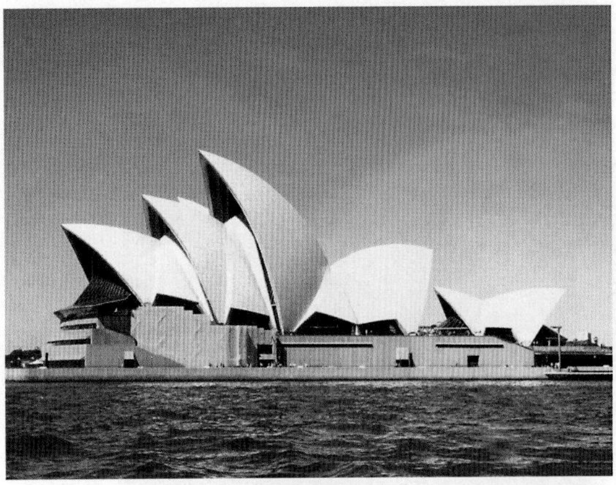

悉尼歌剧院　（澳大利亚）

华盛顿国家美术馆　（美国）

朗香教堂　（法国）

流水别墅　（美国）

内容提示：主要介绍中、外、古代、现代的建筑艺术形式，比较它们在建筑风格上的不同。

第四节 工艺美术 （必修）了解

工艺美术也是造型艺术之一，是以美术技巧制成的各种与实用相结合并具有欣赏价值的工艺品。其通常具有双重性质，既是物质产品，又具有不同程度精神方面的审美性。作为物质产品，它反映着一定时代、社会的物质生产和文化发展的水平。作为精神产品，它的视觉形象（造型、装饰）又体现了一定时代的审美观。

工艺品一般分为两种类型：一类是日用工艺品，即经过装饰加工的生活用品，如染织工艺品、陶瓷工艺品、家具工艺品等；另一类是陈设工艺品，即专为欣赏用的摆设品，如象牙雕刻、玉石雕刻、竹木雕刻、彩灯、装饰绘画等。它们的生产随历史时期、地理环境、经济条件、文化技术水平、民族习尚和审美取向的不同而表现出不同的风格特色。

古希腊瓶画 （古希腊）

青花瓷瓶 （中国）

家具屏风 （中国）

琥珀首饰 （中国）

内容提示：主要介绍不同类型工艺品随历史时期、地理环境、经济条件、文化技术水平、民族习尚和审美取向的不同而表现出的不同风格特色。

第二章

绘画基础知识

学习目标与学习建议：

必须掌握的是：平行透视、成角透视的规律；需要了解的是：对形体结构的理解、比例的概念及分析方法，透视的概念、斜角透视规律、散点透视规律、绘画透视的常见错误，构图的概念、法则，取景与构图的技巧及常见问题。

建议形体结构、形体比例、绘画透视的学习主要采用临摹和写生的方法同时进行训练；训练取景与构图技巧时可以采用摄影和绘画手段进行训练。

第一节　形体结构（必修）了解

从传统的写实性绘画意义上来说，在绘画的过程中，如何准确塑造出要表现的物体，即“象”，首先是要有符合绘画造型规律的“科学”的认识。即对所描绘的对象的“形”与“体”的认识，也就是我们常说的用画家的眼睛看世界。

任何一个物体都具有一定的形状、体积、颜色、质感，等等，加之纹理、光泽、明暗等变化。使人们眼花缭乱，所谓“画家”的“科学”的认识，就是抛开表面，抓住本质，即物体的“形”“体”和“结构”。

“形”是指能代表物体特征的平面形，即形体的外轮廓。

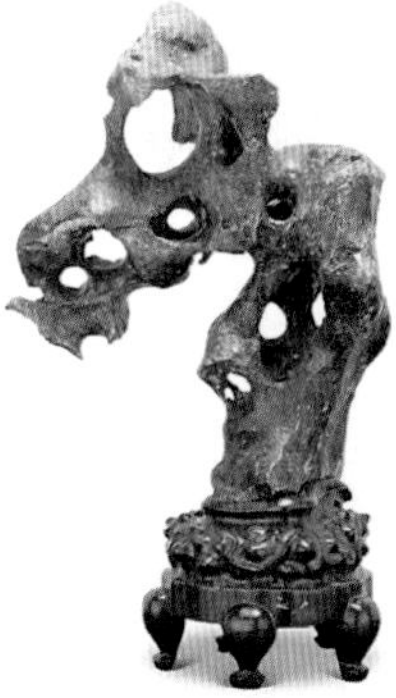

“体”是指物体在空间占有的体积，即多面组成的立体形状。

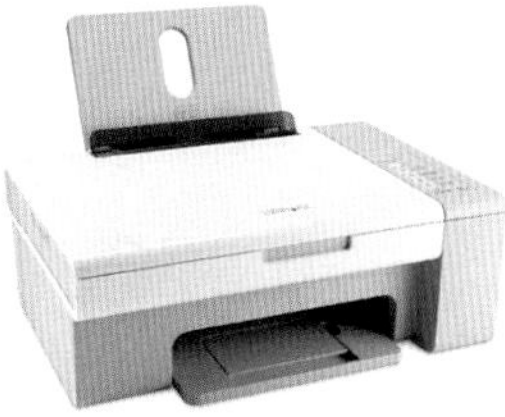

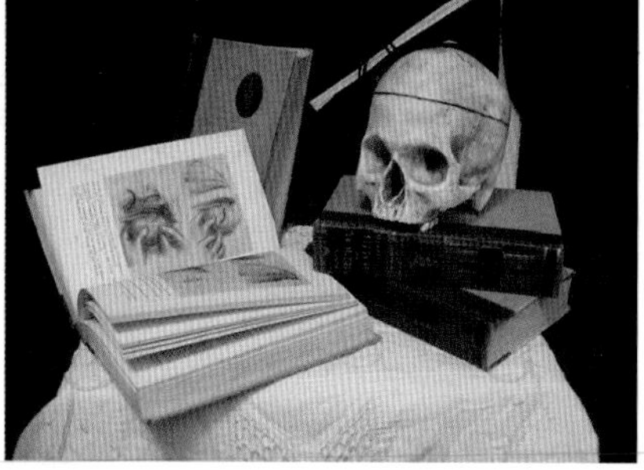

形体结构是指任何物体都有其自身的内部和外部的构成因素和结合关系，形体与形体之间也有一定的组合和衔接关系。绘画中，形体结构包括物体的“几何结构”和“解剖结构”。认识和理解物体的形体结构,是帮助学习绘画者改变习惯的视觉经验和思维定式，以绘画者的目光观察物体、分析物体、理解物体和表现物体。

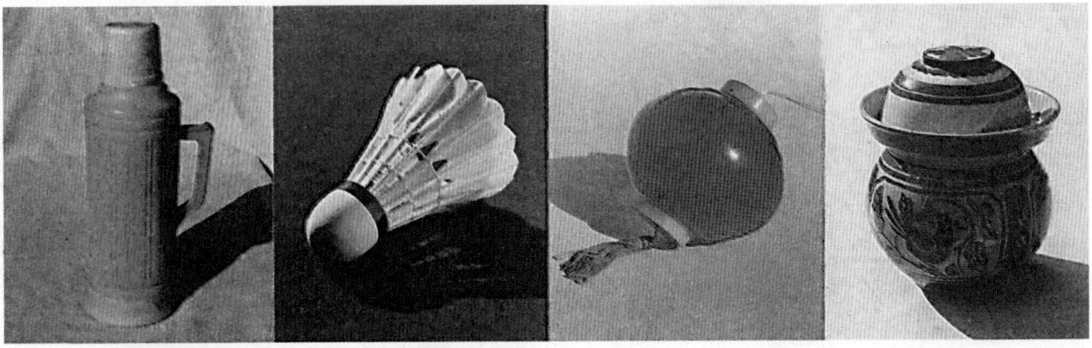

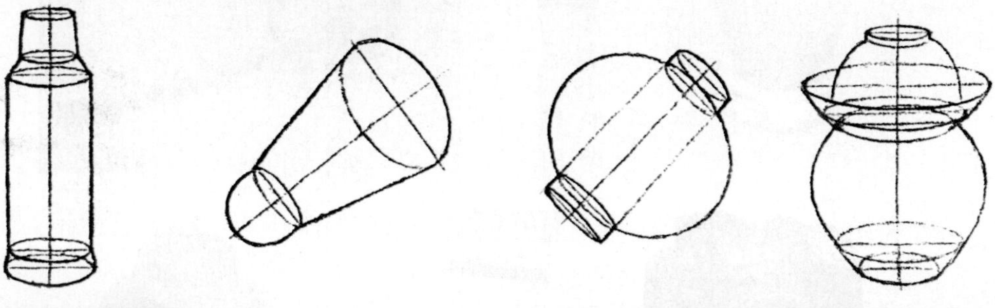

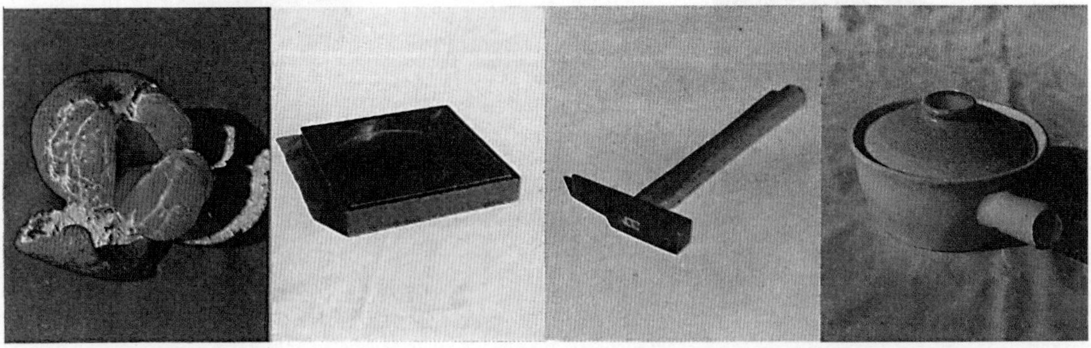

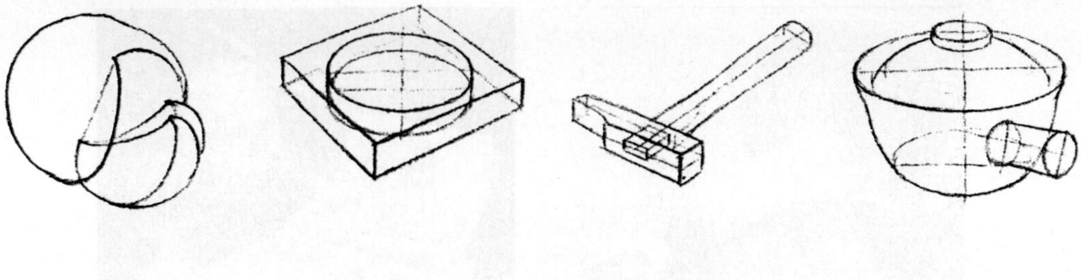

以几何结构分析树木的结构：树冠可看成由不同的团块组成，树干可看成由粗细不同的圆柱体组成。

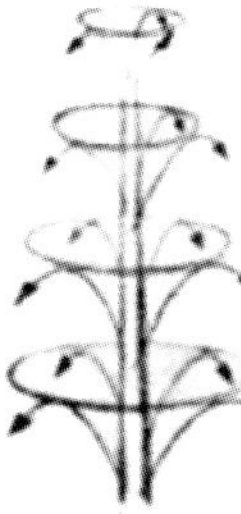

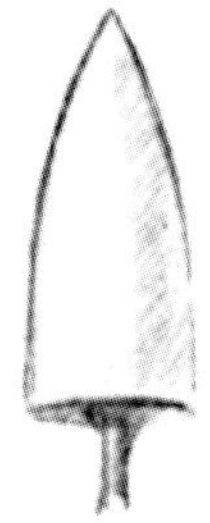

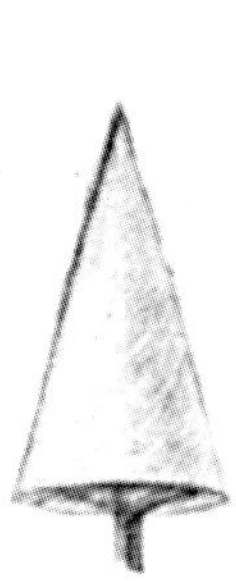

以几何结构分析鸟禽的形体结构。

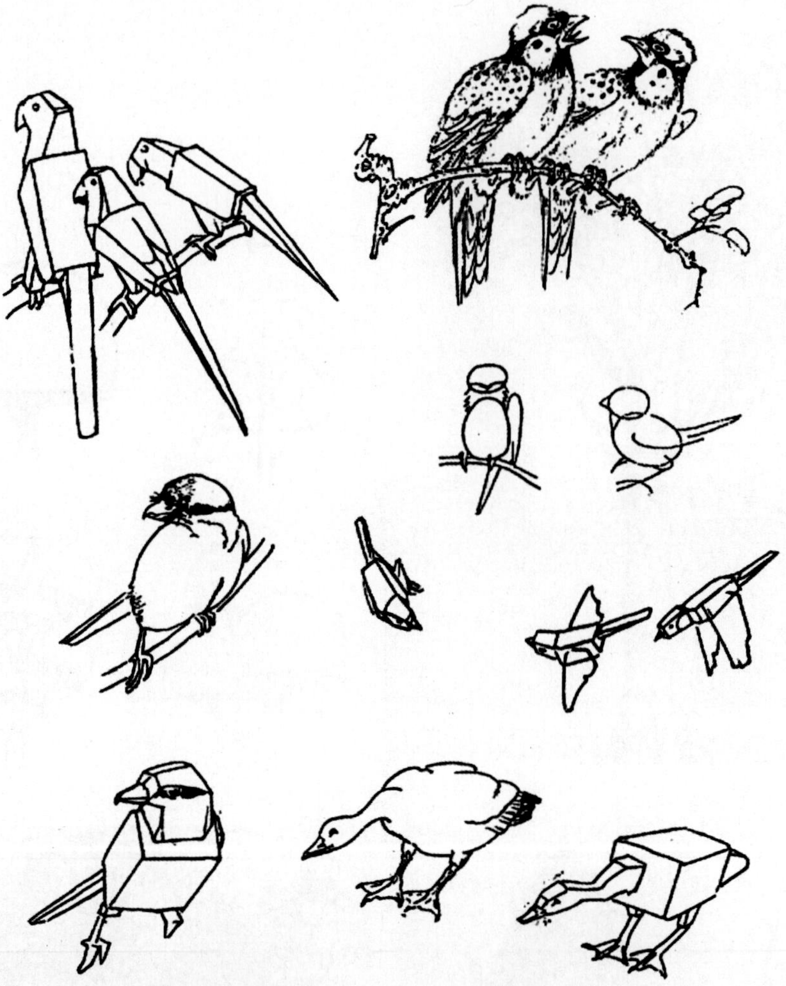

动物类有着近似的解剖结构。从形体上看四足动物的结构是头、颈、躯干、四肢。而躯干部分又可分为肩、腹、臀三部分。

人物头部及身体的几何结构和解剖结构。

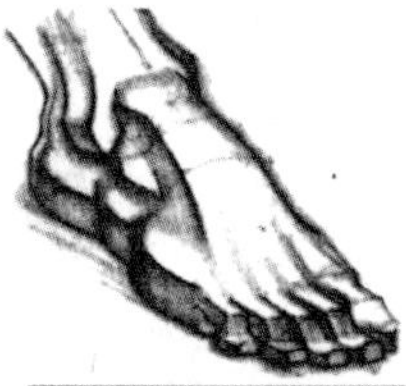

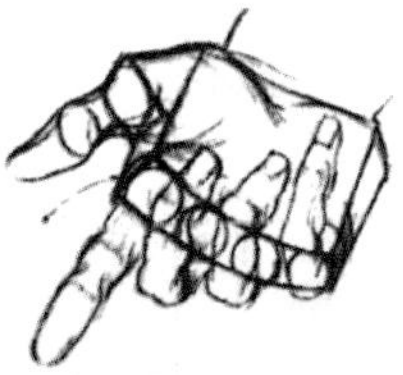

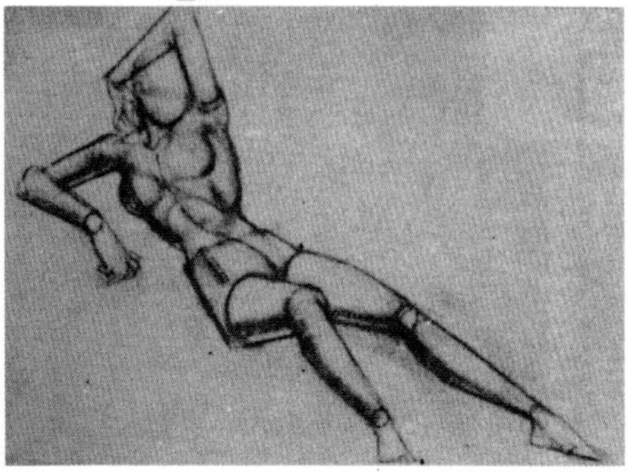

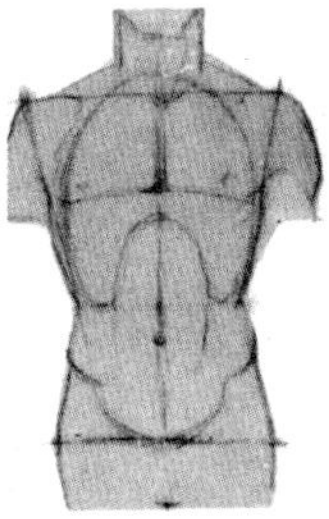

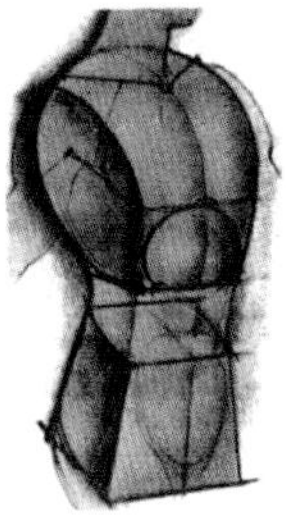

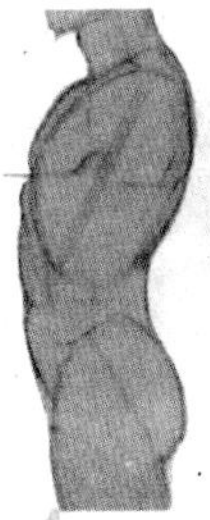

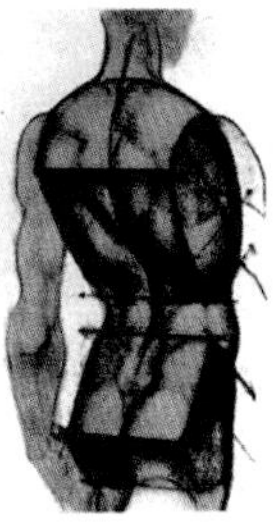

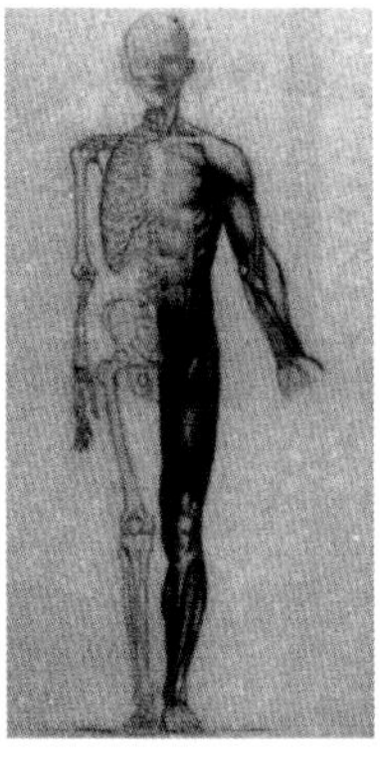

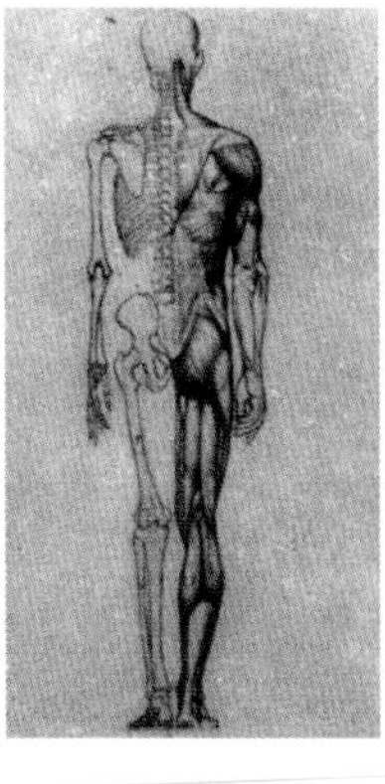

内容提示：本节主要对日常用品、树木、鸟禽、动物和人物的形体结构进行分析，并展示了部分以形体结构形式画的素描作品。绘画时，首先要抓住物体的外轮廓，即它的外形特征，同时要应时时注意物体的体积感和结构关系。

第二节 形体比例 (必修)了解

形体比例主要指物体自身及物体相互之间长度的比较关系。

一个形体的体态特征，是由这个形体自身的比例决定的，如果比例变了，它的体态特征也就变了，所以写实绘画中准确地掌握和表现形体的比例关系至关重要。

在观察和比较物体各部分比例时，往往以该物体的某一部分为单位，进而比较它们之间的比例关系。如画头像时，往往以鼻子长度和眼睛宽度为单位；画人体时，以头为单位。

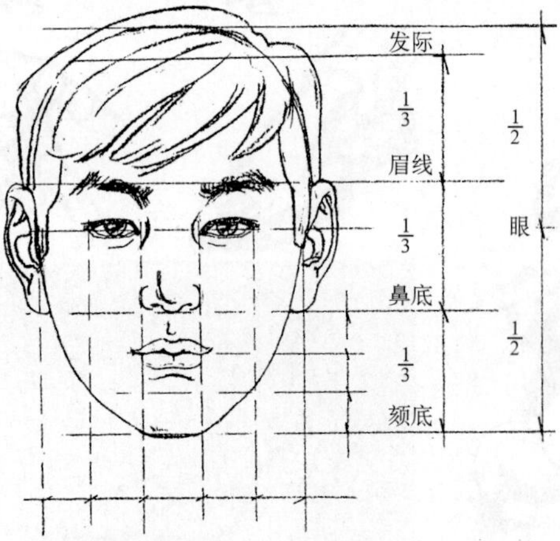

头部比例“三亭五眼”

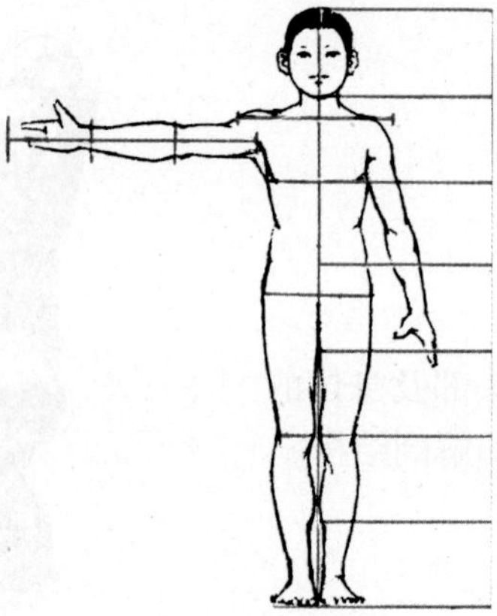

人体各部分的比例

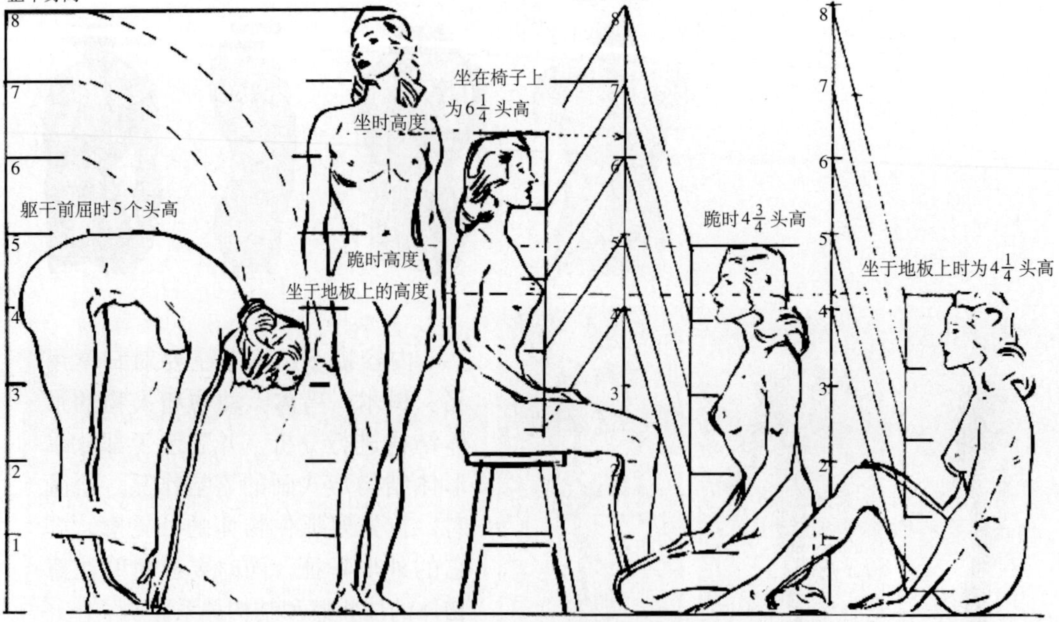

人物各种姿势时的比例关系

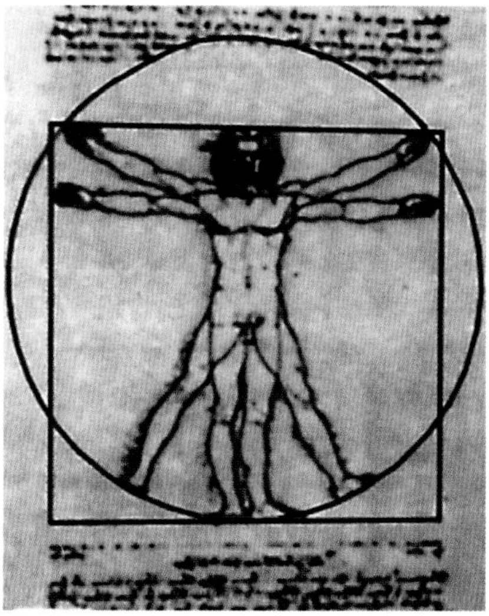

达·芬奇通过对人体的比例研究，得出的结论是两臂的长度等于身高，恰为正方形，而两臂、两腿分开又属于同一圆形之中。

达·芬奇的关于人体比例的分析

黄金分割比：古代的人们把比例的关系看成是具有美学性质的关系，是和谐美的主要因素，并求出其比值为1：0.618，这个比值又称为黄金分割比。

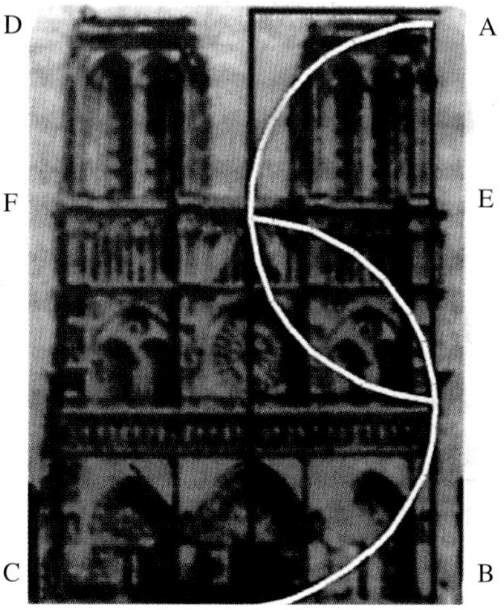

巴黎圣母院的建筑比例

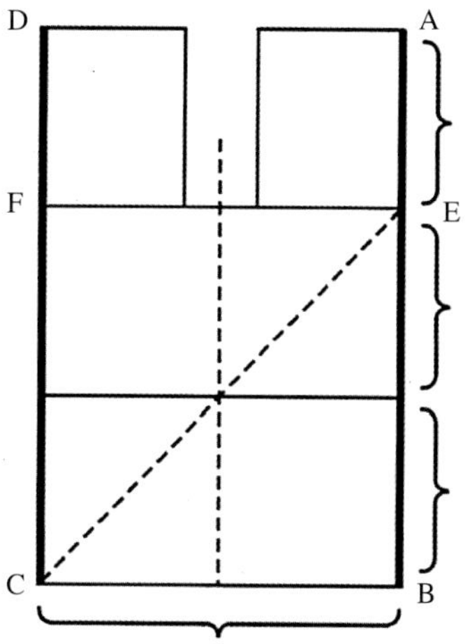

巴黎圣母院的黄金分割比

比例的分析方法：

这个瓷罐，如果按照比例分析的方法去画，那么就会很轻松地画出来的。

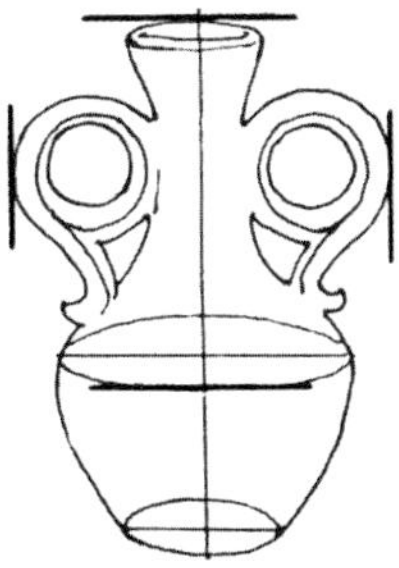

罐口至罐腹的距离等于两耳间的距离。

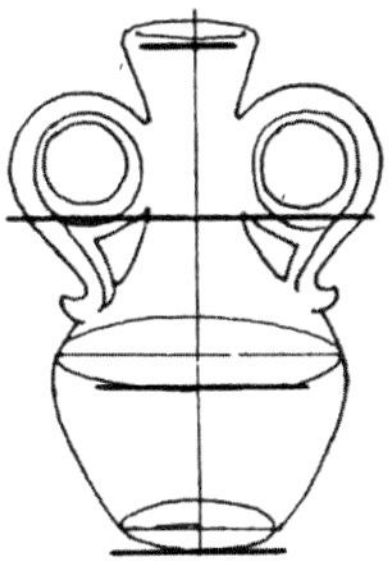

由罐口至罐底可分为三等份。

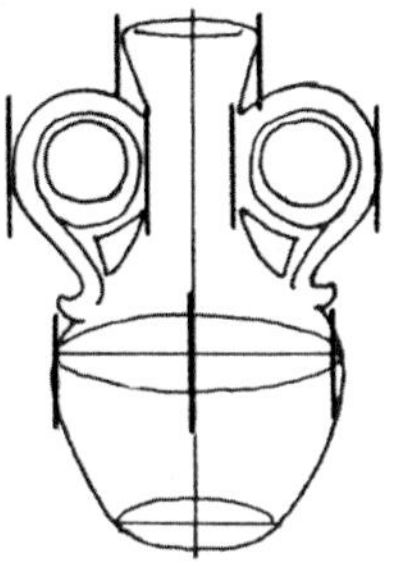

罐口的宽度等于一个罐耳的宽度。同时罐腹的宽度是两个罐口的宽度。

内容提示：本节主要介绍绘画时比例的分析方法。

第三节 绘画透视

一、透视的概念 （必修）了解

透视这个词的原意为“看穿”。绘画透视的出现是人们在观察客观世界时，由于眼睛的生理原因而造成的物体的近大远小、近高远低的视觉成象，而这种视觉成象又有一定的规律。人们把这种规律加以总结、提炼即焦点透视规律。按这种透视规律，在一个本来是平面的纸上进行物体表现时，就与人们形成绘画的视觉心理相吻合了，人们就觉得本来是平面的纸面上就有空间的感觉了。

透视常用术语：

基面：承载物体的水平面。

画面：透视画面。

基线：画面与基面的交线。

视平线：眼睛与水平线平行扫描的轨迹。

站点：站立者与地面的交点。

视点：视者眼睛所在的位置。

视距：视点到画面的距离。

视域：视线所能达到的区域。

灭点：也称为消失点。

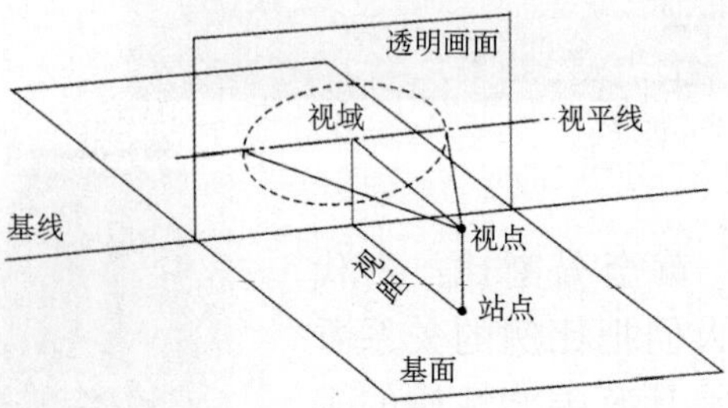

二、焦点透视 （必修）掌握

绘画焦点透视有三种基本形式，即：平行透视、成角透视和倾斜透视。

平行透视是指当方形物体的一个面与画面平行，它的侧面及水平面与画面垂直时的透视。它的特点是只有一个灭点（消失点）。

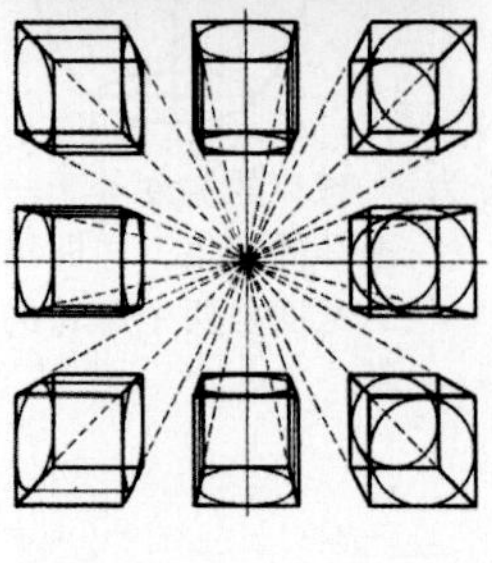

立方体和圆柱体的平行透视

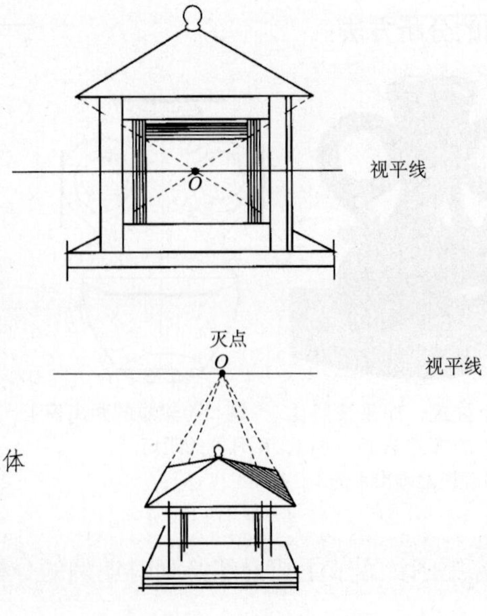

平行透视图的基本表现原理

成角透视是指当方形物体两个侧立面与画面成倾斜角度，水平面与画面相垂直的透视。它的特点是需要有两个灭点才能表现出来。

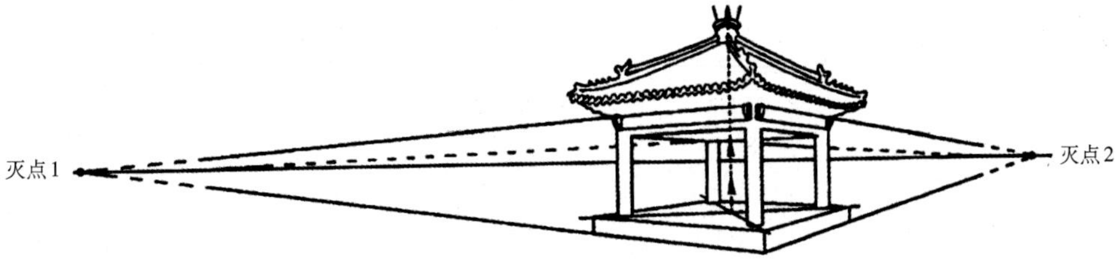

成角透视表现的基本原理

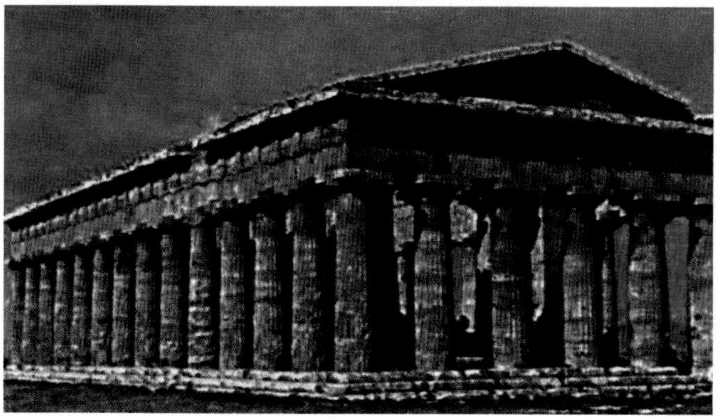

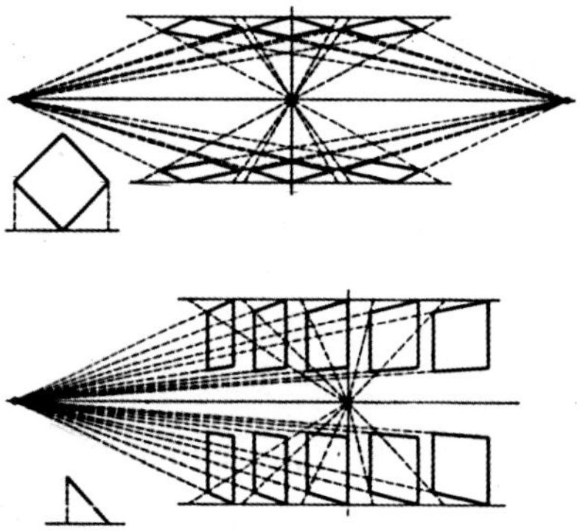

正方形的成角透视

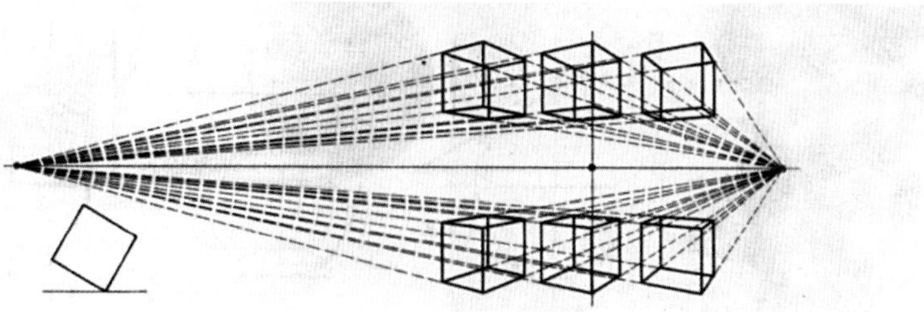

立方体的成角透视

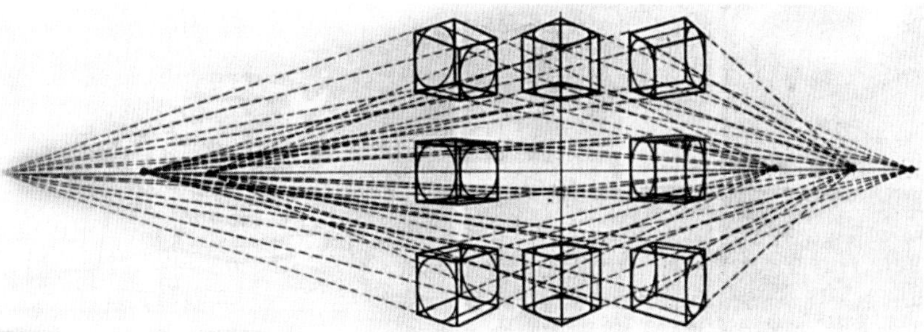

圆柱体的成角透视

倾斜透视是指当方形物体的任何一个立面包括水平面都与画面呈现斜角关系时的透视。它的特点是需要有三个灭点才能表现出来。

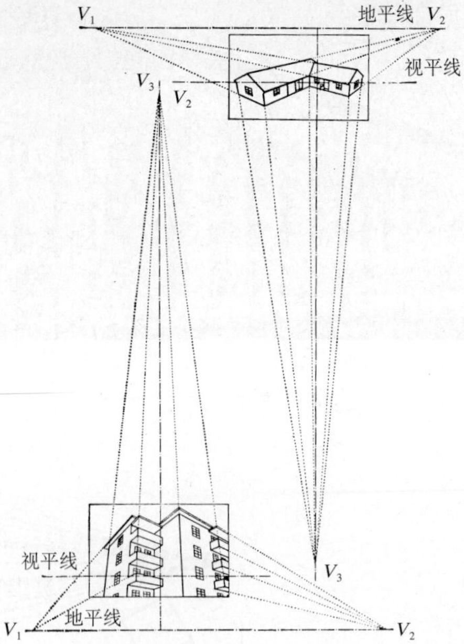

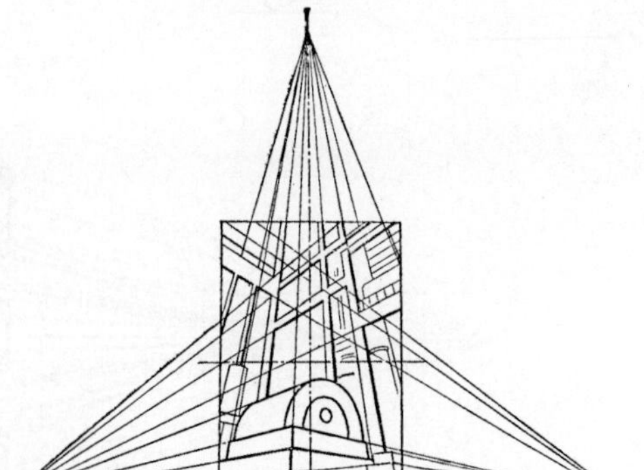

三、散点透视 （自修）了解

散点透视是在传统的中国绘画中的又一独特的表现手法。它有别于西方的焦点透视，它能在同一画面上采用多视点的形式安排画中的景物，却处理得非常合理。这种“合理”不是“科学”上的合理，而是心理、视觉上的合理。这不但反映了我们先人的聪明智慧，同时也是对绘画史上的一大贡献。

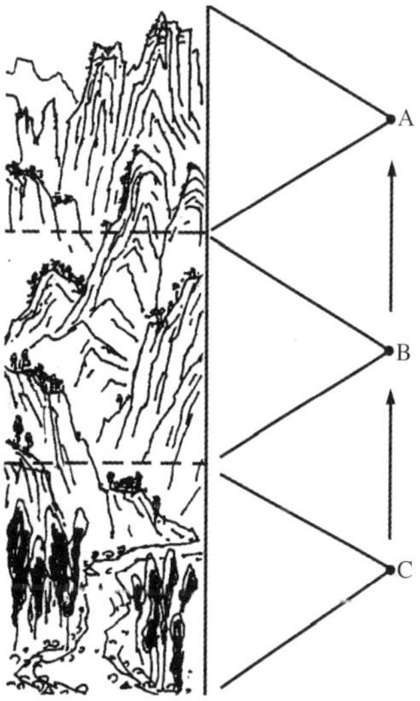

散点透视是以移动视点的形式，“步步看”“面面观”“前顾后盼”“左看右看”视觉既能打弯，视点还能移动的手法，带着观众，把所看到的景物，集中在一个画面上，而观众却没有觉得不合理的感觉。这是焦点绘画所不能做到的。

它的特点是，将一幅画分为多个区，每一区里采用一个视点，区与区之间采用或树木，或烟云，或空白，或水雾来过渡衔接。这种巧妙的时空转换，实际上又应该说是我们先人哲学的时空观在绘画上的另一种体现。

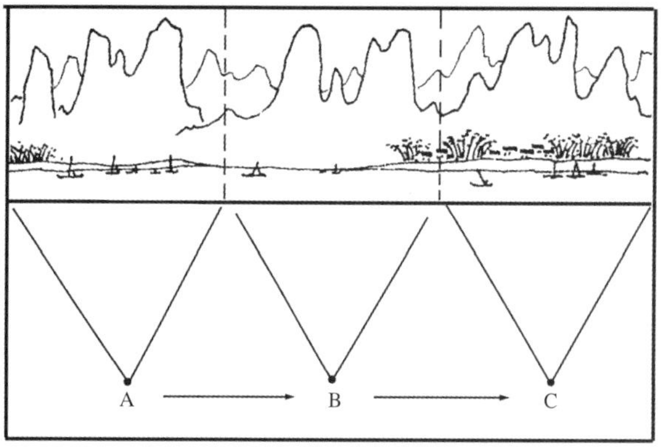

四、常见的透视错误现象 （必修）了解

以焦点透视规律进行绘画过程中，常容易出现几种透视错误现象。

没有消失在一个视平线上

山顶上的房子应是仰视不应是俯视

物体后边的人物，不可能低出前边物体

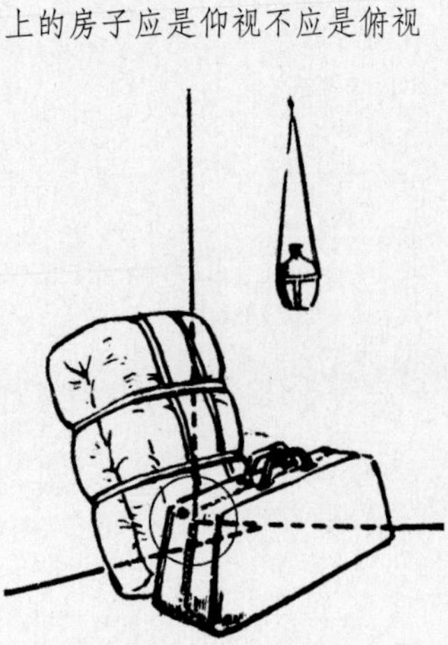

墙角的透视错误，没有在一个地面上

船的消失线没在一个视平线上

五、创作作品时的透视形式的选择 （必修）了解

创作作品时，根据题材、内容的不同，应采用不同的透视形式。

仰视的风景照片

仰视的绘画作品　詹建俊（中国）

平视的风景照片

平视的绘画作品　达·芬奇（意大利）

俯视的风景照片

俯视的绘画作品　杜健（中国）

内容提示：本节主要介绍绘画透视的各种形式和透视规律，及常见的透视错误现象。

第四节 构图知识

一、构图的概念

绘画构图就是一幅绘画作品的结构。中国传统绘画中称其为“章法”“布局”。就是将一幅作品中所描绘的各个物体通过合理的分布，安排组合成整体，营造出其所产生的视觉美。也就是在一张白纸上怎样安排所要画的内容，使要表现内容即“主题”更能充分地表现出来。无论在创作还是在写生时，第一步就是构图。

二、构图法则 （必修）了解

开国大典（油画） 董希文（中国）

人类通过长期的艺术实践，积累了丰富的表现形式，并把这些“经验”加以概括总结，形成了一系列方法，人们便将其称为法则，如：“主宾”“对称”“均衡”“对比”“谐调”“虚实”“疏密”“呼应”“开合”“节奏”“韵律”，等等。

主宾是将画中的主体，即要表现的主要人和物放在画面内容的中心，画面的结构中心，宾体作陪衬。

对称是以实体或假想的对称中心或对称轴构成布局，使整个画面表现出整体是对应的，部分之间又相互对称和照应的关系，使画面显得稳定、和谐。

雅典学院（油画） 拉斐尔（意大利）

均衡从形式上是对称的一种破坏，实质上是不等形而等量。“均”是平均，“衡”是中国古代“称”的一种称法。“均衡”隐含着对等的原则。

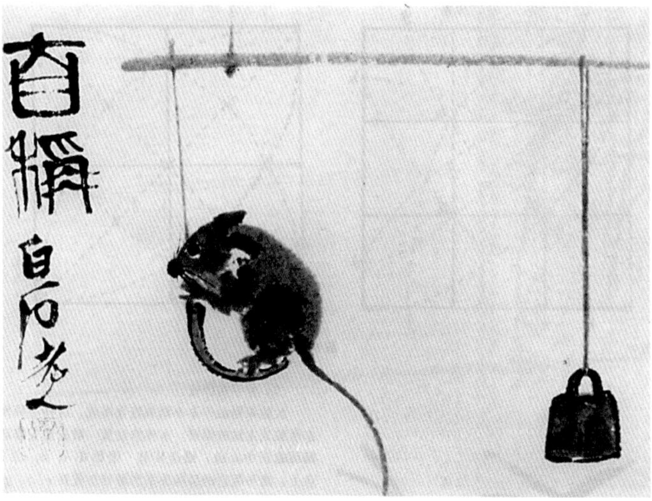

自称（中国画）　　齐白石（中国）

站在球上的少女（油画）

毕加索（西班牙）

对比在画面中，运用彼此的对立，使要表现的物体的特征更加明显，使艺术的形象更加鲜明、动人。

慧兰（中国画）　虚谷（清代）

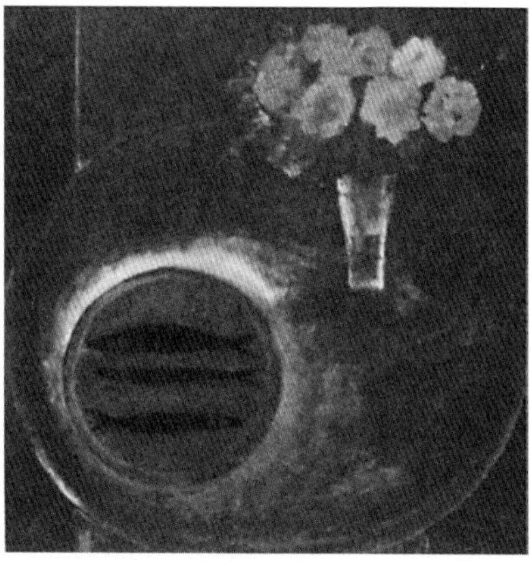

黄花鱼盘（彩墨画）

林风眠（中国）

谐调是变化中的统一。一幅作品中描绘的物体包括同一种物体。首先要有变化，要各具姿态。如千篇一律，画面就会显得死板。但变化、多样必须与该画面原则相统一，否则就不是变化而是杂乱无章了。

虚实：虚和实是相互对立的因素，但又相互衬托。虚能使实的更实。虚不是没有，在中国画中是一种空灵，是一种更高级的实，一幅画中只有虚实相映，画面才更丰富、更饱满。

蝴蝶（中国画）

齐白石（中国）

疏密指画面安排形体的对比变化，中国画常说的“疏能跑马，密不插针”的对比变化。实际上也可以说是另外的一种排列上的虚实变化。

静物（油画）　塞尚（法国）

螃蟹（中国画）　齐白石（中国）

呼应是另一种平衡形式的转化，通过形象间的呼应，求得画面上的平衡。其中有量的平衡、形的平衡、气势的平衡，是心理空间的平衡。

球门手（油画）
格列高里耶夫（前苏联）

开合是借用中国传统写诗的用语，在表现画面上要有“起”“承”“转”“合”的动势，是画面上的气势与联想。

淮扬洁秋图（中国画）
石涛（清代）

节奏与韵律是借用音乐上的用语。在画面的处理手法上，给人以节奏感和动势上的韵律感，而不要单一的排列和重复。

八十七神仙卷（中国画）
（宋代）

三、写生中的取景与构图技巧 （必修）了解

在写生中，不论是面对风景、静物还是人物等，首先要选择画哪一部分，什么要画，什么地方不画，这就取决于绘画者想表现什么，这称为取景。然后便是怎样才能在画面中，将绘画者想要表达的内容表现出来，即怎样安排画面，这便是写生构图。虽然一张绘画作品的成败包括许多因素，但构图是其中的第一步，也是关键的一步。初学绘画者，往往忽视这一步。

1. 选择一个主体 一般情况下，一个画面往往只有一个主体。主体是画面的中心，确定一个主体，才能使画面要表达的内容十分清晰突出，使画面达到整体协调。

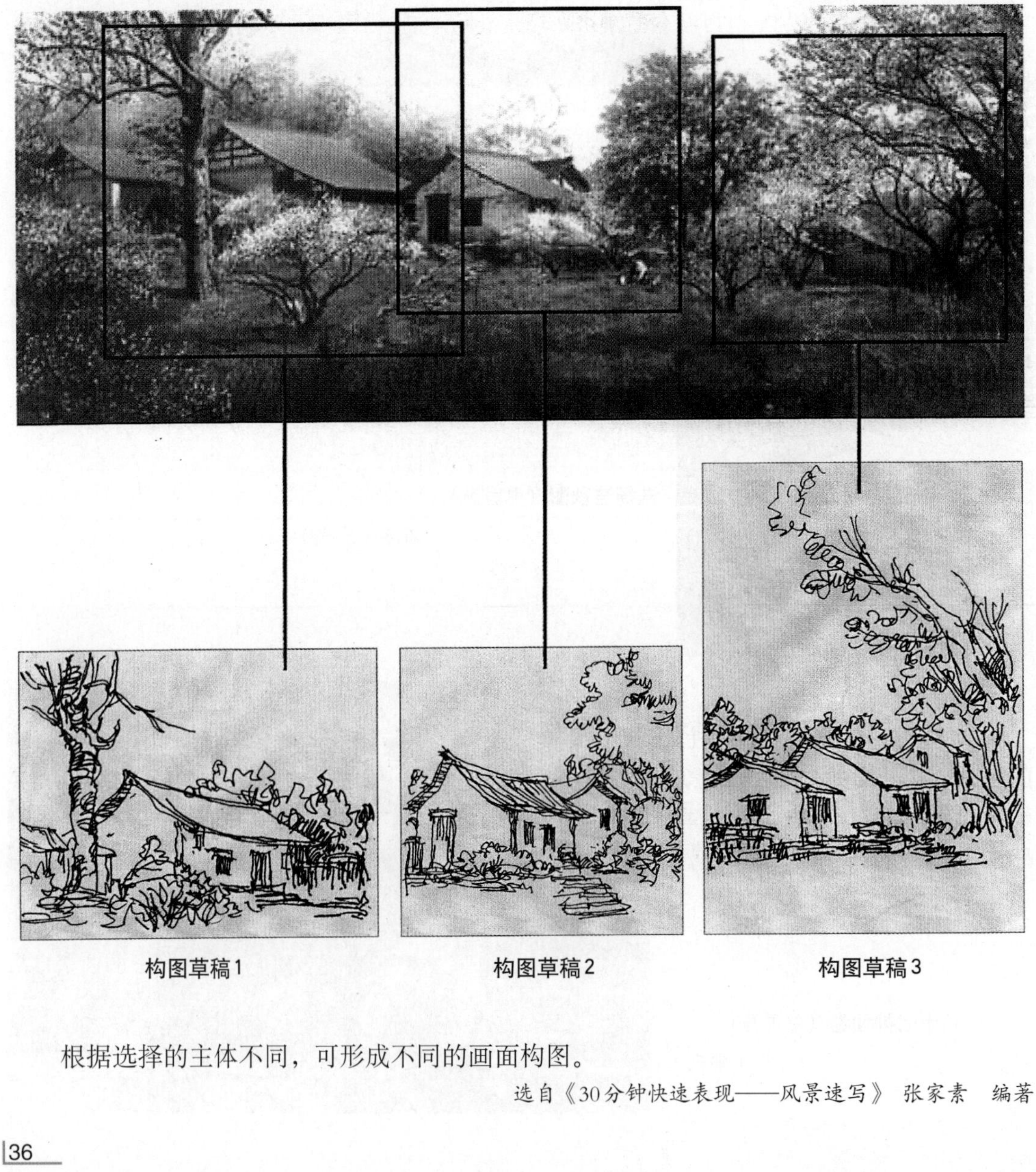

构图草稿1　　构图草稿2　　构图草稿3

根据选择的主体不同，可形成不同的画面构图。

选自《30分钟快速表现——风景速写》 张家素 编著

2. 合理的安排近景、中景与远景　一副完整的画面在构图上必须具备近景、中景与远景三个层次，才能使画面具有空间感。

构图草稿

构图时要有意识地在画面中形成近景、中景与远景三个空间层次。

选自《30分钟快速表现——风景速写》张家素　编著

3. 合理布置画面位置

表现主体物太小，四周空白太大，主体不突出。

主体虽突出，但画面太满。

构图太偏上。

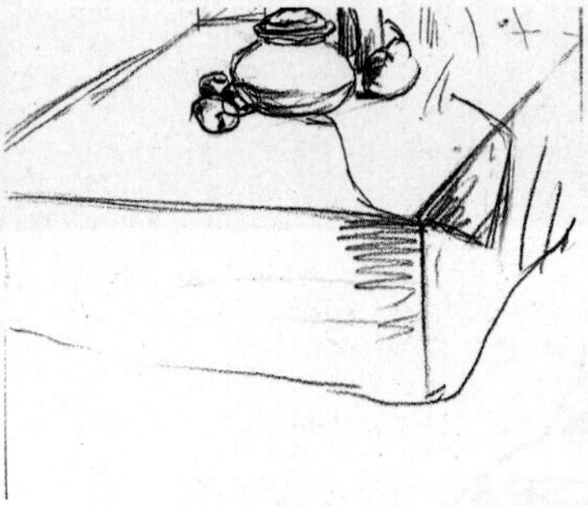

构图太偏画面一角。

构图太偏下。

本应是方形或竖长方形的构图为好，却变为偏长的构图，显得两边太空。

构图较好，主体物突出，画幅的上下、左右都很丰满、充实。

虽然取景的角度变了，但主体突出，上下、左右都很丰满、充实。

任全伟

内容提示：本节主要介绍构图法则及写生中的取景与构图技巧。

第三章

绘画基本造型能力训练——素描

学习目标与学习建议：

必须掌握的是：几何形体素描写生、静物素描写生、风景速写；需要了解的是：素描的概念；需要通过自修学习拓展提升的是：风景素描写生、石膏像素描写生、人物素描写生、人物速写。

建议通过先临摹，后写生及写生与临摹交叉的方法进行训练。

第一节　素描的概念

一、什么是素描　（必修）了解

素描是造型艺术的一种，指用单色表现物体造型关系的绘画形式，泛指单一颜色的绘画。用木炭、铅笔、钢笔等，以线条来画出物体明暗或结构关系的单色画，称为素描；单色水彩和单色油画也可以算作素描；中国传统的白描和水墨画也可以称为素描。

从目的和功能上划分，素描可分为创作性素描和习作性素描。**创作性素描**，即以素描的方式完成的作品，有时在创作一幅作品时首先要作素描稿。一幅成功的作品其素描稿往往要进行多次的调整、修改。因为用单色的工具，勾勒意图时方便；**习作性素描**也可称为研究性素描。“研究”二字一言以蔽之。它包括对绘画语言的研究和对客观物体表述的研究，也是画家自身绘画语言修炼的过程。

从表现内容上划分，素描可分为静物、动物、风景、人像及人体素描等。

从作画时间概念上划分，素描可分为长期素描、短期素描（速写）等。

从使用工具上划分，素描可分为铅笔、炭笔、钢笔、毛笔、水墨、粉笔或两种工具穿插使用的素描等。

创作性素描　王沂东

习作性素描　丢勒

风景素描　　希施金

人像素描　靳尚谊

从表现形式上划分，素描可分为结构素描和全因素素描。**结构素描**（也称为形体素描），多半以结构线来表现形体的穿插及构成关系，不施明暗，没有光影变化，而强调突出物象的结构特征；**全因素素描**（也称为光影素描）主要采用明暗法，这种素描需要把对物体产生光线作用的所有因素都描绘出来。

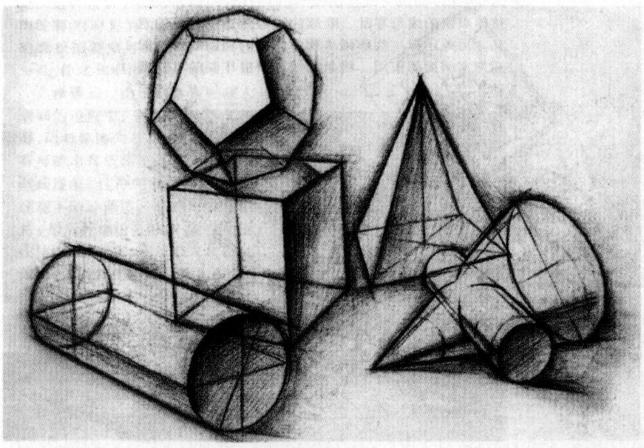

结构素描　　郜海金

全因素素描　　刘向东

二、如何学习素描——临摹、写生与默写　（必修）了解

初学绘画者进行素描的练习，是提高造型能力的必经阶段。它就像一个运动员，每天要进行各种体能的训练一样。素描则是造型能力的“体能”训练。其可以通过临摹、写生及默写等方法来训练。

临摹是照着原作作画。从中可受到大师们的熏陶，揣摸大师们的技法，分析、理解大师们的认识，既可以训练造型技法，也可以提高自身的艺术感受力。

写生是直接以实物为对象进行作画，是直接观察和表现自然物体的一种绘画形式。通过写生可以更深刻地观察和感受自然，从而训练造型技法，提高造型能力。

默写是根据记忆去表现所见到的物体，是一种独立造型能力的培养和训练，更能刺激写生的主动性，提高写生时的清醒状态。

三、明暗调子的形成及应用　（必修）了解

光照在物体上，由于物体自身的形态、质地的不同，其体、面与光源的角度不同，距光源的远近不同，物体固有色的深浅不同。同一物体，有的地方受光，有的地方背光。受光的部分就亮，背光部分就暗。同是受光的部分，仔细分析其亮的程度是有区别的，同是背光部分，其暗的程度也有区别。这种明和暗、深和浅的变化是有规律性的。这种由深到浅、由亮到暗的现象，用什么样的词才能准确地表述出来呢？人们借用音乐中的用语“调子”觉得很恰当，故称“明暗调子”。

如果对明暗不同的现象加以总结，发现光照在方形物体上会出现“亮面”“灰面”和“暗面”；照在圆形物体上，则出现“亮”“次亮”“明暗交界线”“次暗”和“反光”。并且这种变化是有规律的，从而人们便把这种规律提炼出来，提出了“三大面”“五大调子”之说。把这样规律反过来应用到写生或创作中，便能体现所描绘的物体在空间里的自然状态。

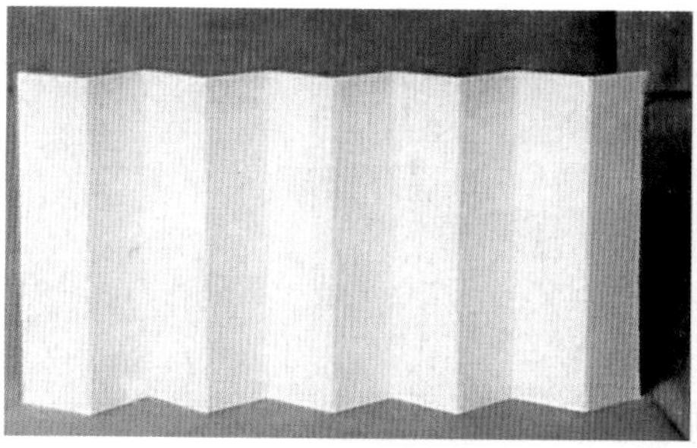

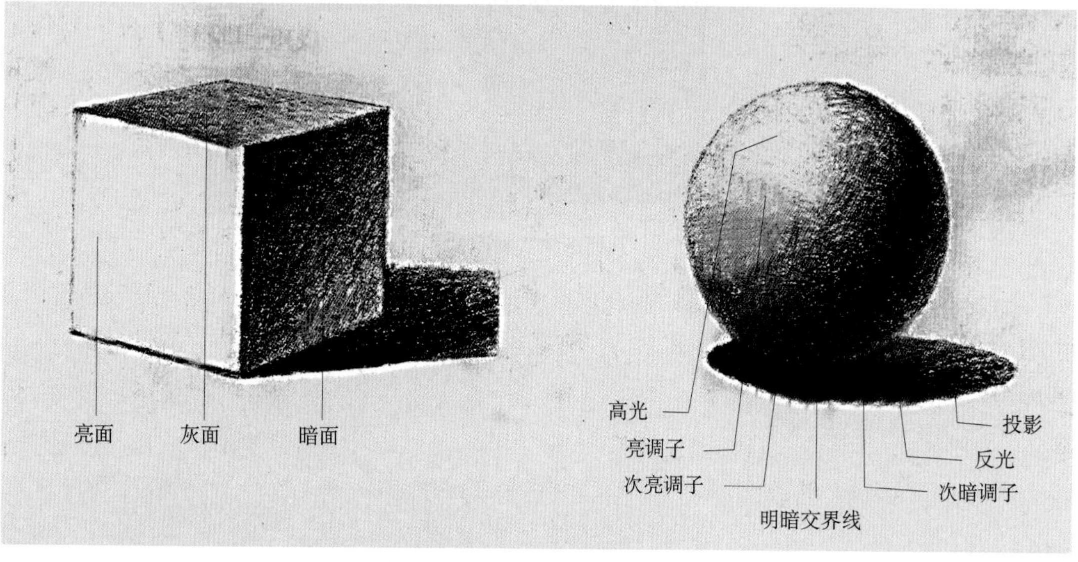

“三大面”和“五大调子”

内容提示：本节主要介绍素描的概念分类及素描中要应用的“三大面”和“五大调子”。

第二节　几何形体素描写生

在我国的现代的美术教学中，先则素描，素描必几何形体。这已形成惯例或必须的程序。其实，画几何形体不是目的，目的是通过对几何形体的认识、理解，从而学会对大千世界中各种物体的理解和认识，掌握描绘各种复杂物体的基本方法，因为客观世界里的物体虽然各种各样，但都可以归纳为各种几何形体或组合的几何形体。所以，经过近代美术教育家们的长期的教学探索，得出：用画几何形体作为素描写生的入门。尤其是用石膏这种单一的白颜色做成的几何形体进行训练，是一个非常好的途径。所以初学绘画者，在作几何形体的素描写生时，不但要学会对几何形体的认识和表现，更要理解其深层的意义。

一、几何形体素描写生的方法步骤 （必修）掌握

几何形体实物照片

①起稿：先用大的直线进行位置安排，即构图。注意各形体间比例关系。

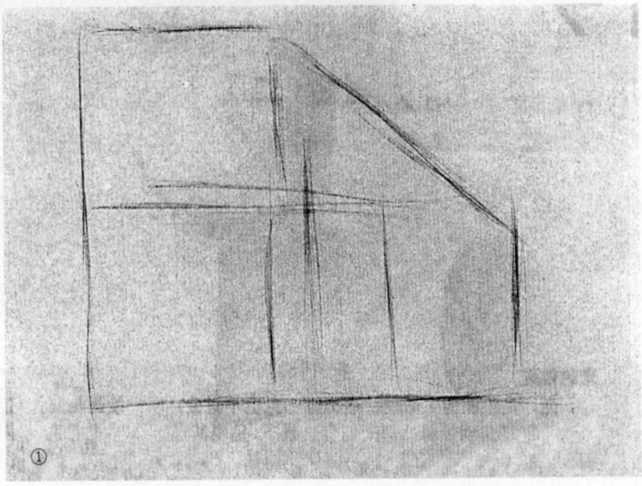

①

②结构关系：用线画出形体的轮廓，并注意形体的准确性及结构关系、前后关系。

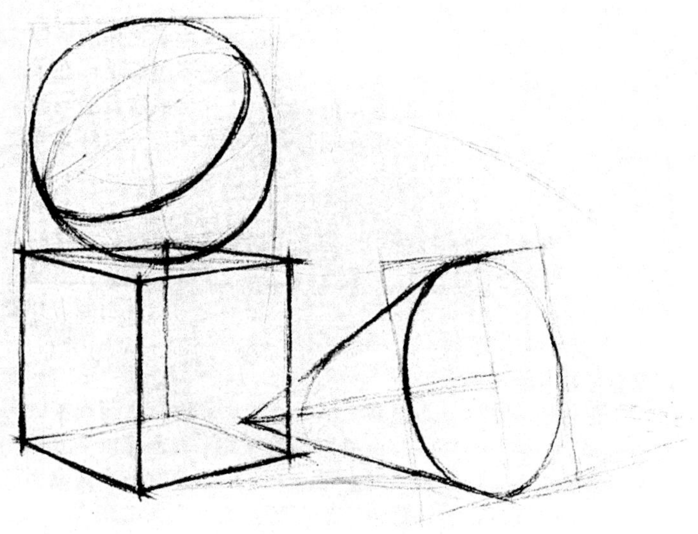

②

③明暗关系：上调子不是目的，初学者往往为上调子而上调子。上调子是为了表现形体的体积感和空间感及结构关系，不是物体上有黑而黑、有白而白。上调子的时候要注意画面的整体关系，形体间的互相关系，要整体地画，不要“单打一”地画，要相互对比、比较、整体地进行。这样画出来的形体才同处于统一的空间里。

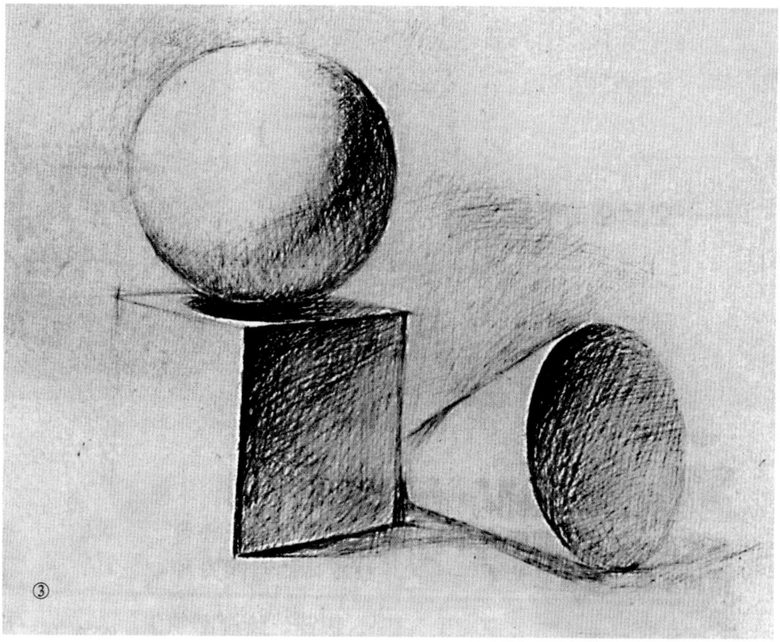

③

④把这三个物体始终联系地进行表现，并注意它们的前后关系、体积感（分量感）、空间感、透视关系，最后统一整理完成。这样一组放在空间里的球体、方体、锥体就结结实实地表现出来了。

孙文超

二、素描中调子多种表现形式 （必修）掌握

只要掌握了素描的基本规律，表现物体的素描手法，是多种多样的。这里的各图说明一个道理，就是只要掌握了素描的基本规律和基本原理，无论用何种工具，采用何种表现手法，都是能将物体充分地表现出来，不必拘泥于单一的工具或手法。

全部用竖线表现立方体

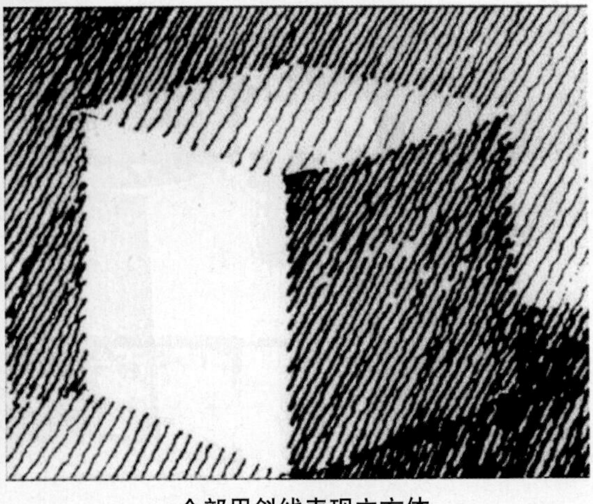

全部用斜线表现立方体

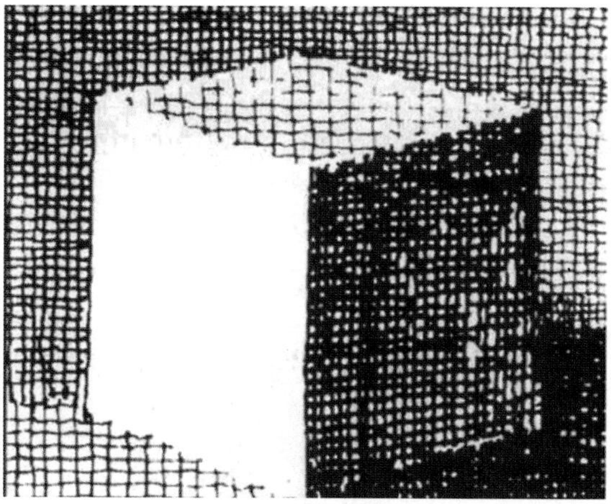

用十字交叉线表现立方体

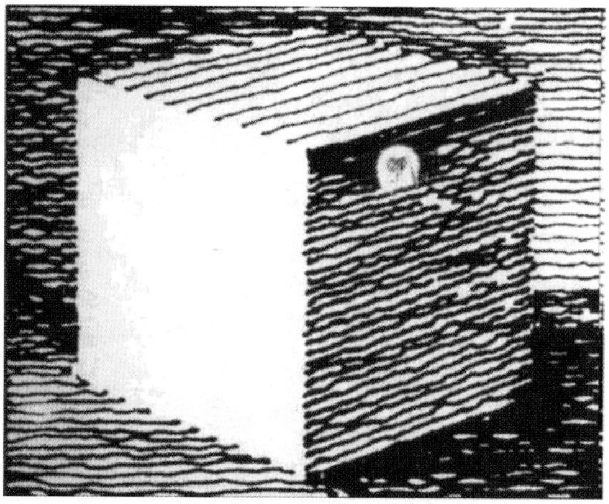

按照面的转折用线表现立方体

用乱绞丝线表现立方体

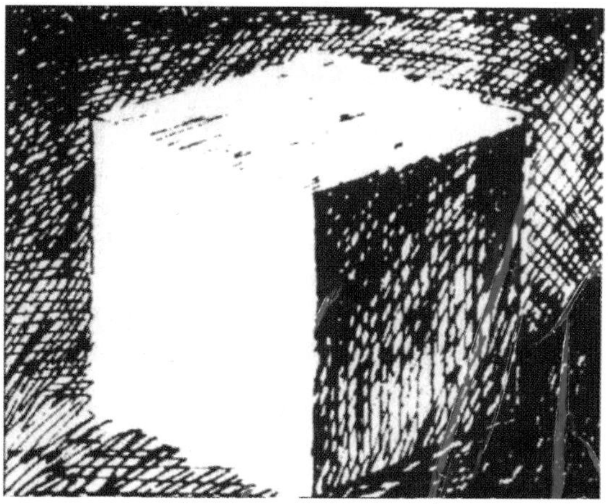

用斜交叉线表现立方体

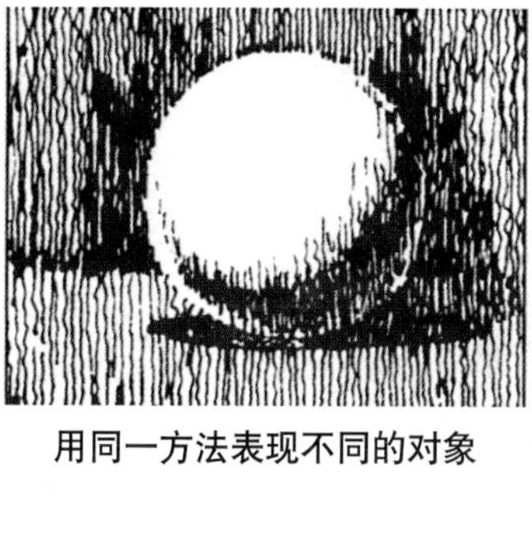

用同一方法表现不同的对象

彭一刚

三、教学范画

1. 几何形体结构素描

俞春

陆梦姣

郜海金

这里的各图是作者对几何形体结构关系的认识和理解，虽然用的调子很少，但都很结结实实地把几何形体的体积感、空间感、质量感都体现出来了。

2.几何形体全因素素描　这里的各图，用全因素的表现手法，充分体现了素描这种绘画语言的表现力和塑造力。

孙文超

周铁伦

孙文超

内容提示：本节主要介绍几何形体结构素描和全因素素描的写生步骤及表现方法，在写生教学过程中应注意构图的合理及形体结构、形体比例和透视的准确性。

第三节　静物素描写生

静物素描写生就是对摆放的物体进行写生。可单一，也可以成组。如果是成组，尽量使它们有些内在联系为好，如生活用品系列、劳动用品系列、体育用品系列，等等。另外，摆放时尽量考虑其形体的变化，比如大、小、方、圆、高、低、硬、软、黑、白、灰等。

静物写生的目的，是较几何形体写生的更进一步的造型能力训练，它能提高绘画者的观察能力和表现能力。同时，静物素描写生是艺术化了的生活一角，经过画家独具匠心的处理，又可以成为有完美艺术价值的作品。

色彩感表现：写生时，要注意素描表现过程中的色彩感。就是说，红、橙、黄、绿、青、紫。除其色相的属性外，还有不同的明度，如黑白照片及黑白电影中，人们虽然看到的是黑白，但根据概念经验，却能感知到其色彩。这就要求我们准确地表现出物体呈现出的黑、白、明、暗色阶的变化。

质地感表现：在一定的光线下，不同物体的质地，表现出的形态是不同的，并有一定的规律。比如：棉布、厚呢、绸纱是不一样的，玻璃器皿、铁、铜的制品，木制品，陶制品等也是不同的。这些都应在写实性素描写生时在画面上将其体现出来，这也是训练造型能力的重要内容之一。

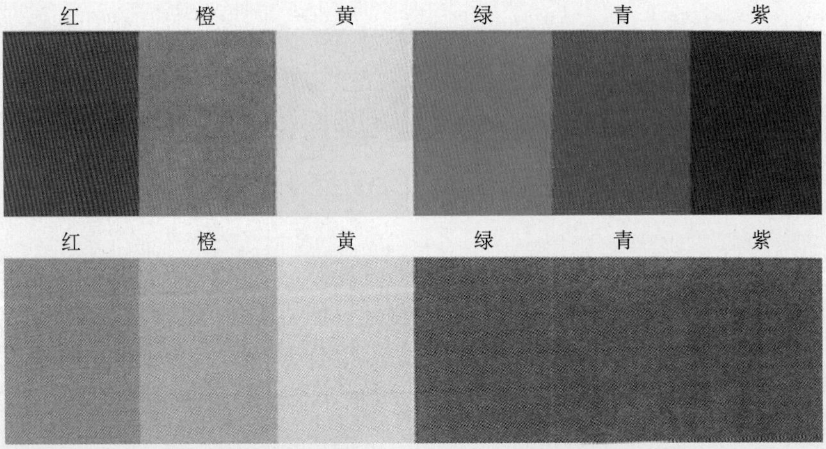

红、橙、黄、绿、青、紫各色，除其色相属性不同外还有不同的明度

黑白照片中的色彩感与质地感

第四节 风景素描写生 （自修）拓展提升

风景素描写生就是面对自然进行写生。自然界中的景物丰富多彩，大千世界蕴藏着无尽美的源泉。通过对自然景物的描绘，不断提高眼睛的观察能力，加深对客观世界的认识，在自然美的熏陶下，积累灵感，提高审美水平。

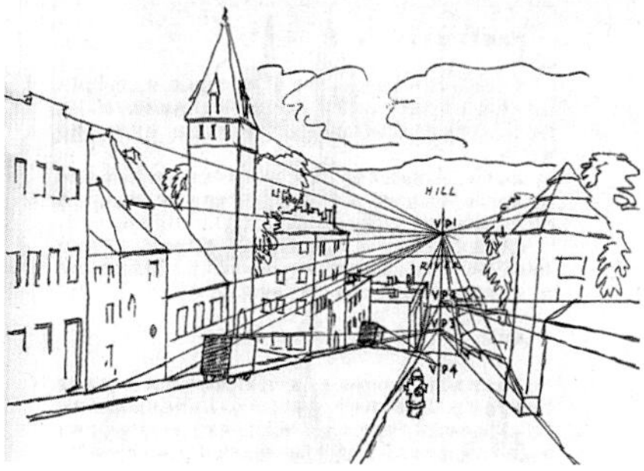

欧内斯特·W·沃特森（美国）

风景写生的重点是要表现出天、地、物、远、中、近这六个字。

风景写生中的透视关系是非常重要的，只有透视的关系对了，这幅风景才能写实、合理地表现出来。

平视

仰视

俯视

一幅风景写生的取景，首先是视平线的确立，这里的三幅画是对同一景物，以平视、俯视、仰视三种不同的形式来进行取景和表现的。

教学范画

希施金（俄国）

一幅优秀的风景写生要表现出身临其境的感觉，其一是“空间感”，给人一种可以“走进去”的感觉；其二是“时间感”，一看便知是早、午、晚、春、夏、秋、冬；其三是“状态感”，是雨天、风天、雪天，是阴天、晴天，是宁静、喧闹，还是沉郁、舒朗。作者要将其身处当时、当地的感受表现出来。比如：黄土高原与辽阔的大草原给人们的感觉是不一样的；江南水乡与塞北山村给人们的感觉是不一样的；风雨交加与春光明媚给人们的感觉也是不一样的。

春　　列维坦（俄国）

夏　　欧内斯特·W·沃特森（美国）

秋　　欧内斯特·W·沃特森（美国）

冬　　列维斯基（俄国）

村庄　欧内斯特·W·沃特森（美国）

城街　列宾（俄国）

希施金（俄国）

梵高（荷兰）

柯罗（法国）

吴冠中（中国）

内容提示：本节主要介绍风景素描不同的表现方法、表现内容、表现工具，及不同的作品风格、手法。在写生教学过程中重点要注意构图的合理及比例和透视的准确性。

第五节　石膏像素描写生 （自修）拓展提升

石膏像素描写生与初学画几何形体一样，是过渡形式。为了认识人物的形体规律，如果直接对人物进行写生，真人模特的色彩、质感变化复杂，加之真人模特不可能长时间不动，初学者对人物形体的研究就会受到干扰。而石膏像却可以长时间的不动，同时又是白色的形体，可以把人物的结构造型特点鲜明地裸露出来，这样对人物的造型研究就方便多了。

画石膏像的素描写生阶段，是素描绘画的较高级阶段。石膏像的素描写生不但要表面上像，而且是对素描语言的深入理解、对形体结构的深层研究、对绘画这门艺术的不断探索，同时也是一个人的艺术修养的体现过程。比如：同时画一个石膏像，不同程度艺术修养的人，表现的内涵深度是不一样的；同一个人，画同一个石膏像，艺术修养的不同时期，表现的内涵深度也是不一样的。

一、石膏像素描写生的方法步骤

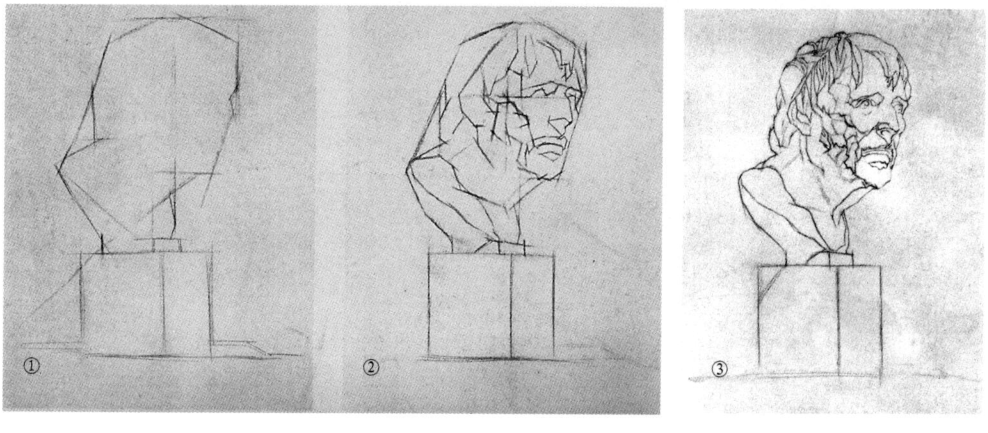

④

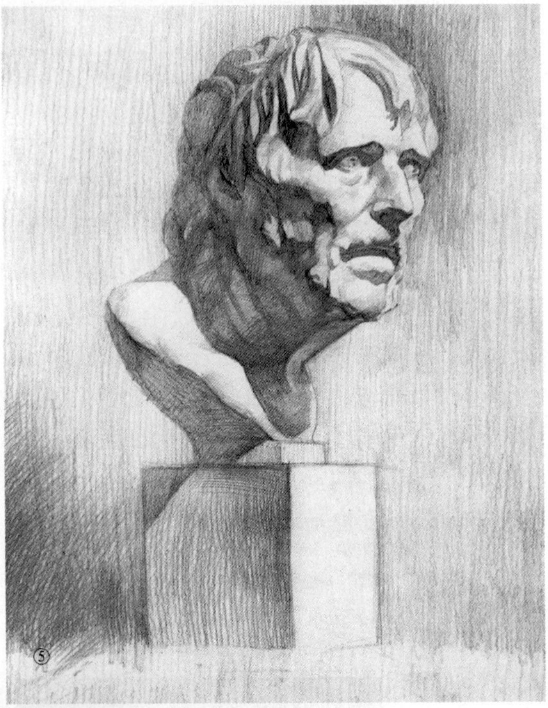

⑤

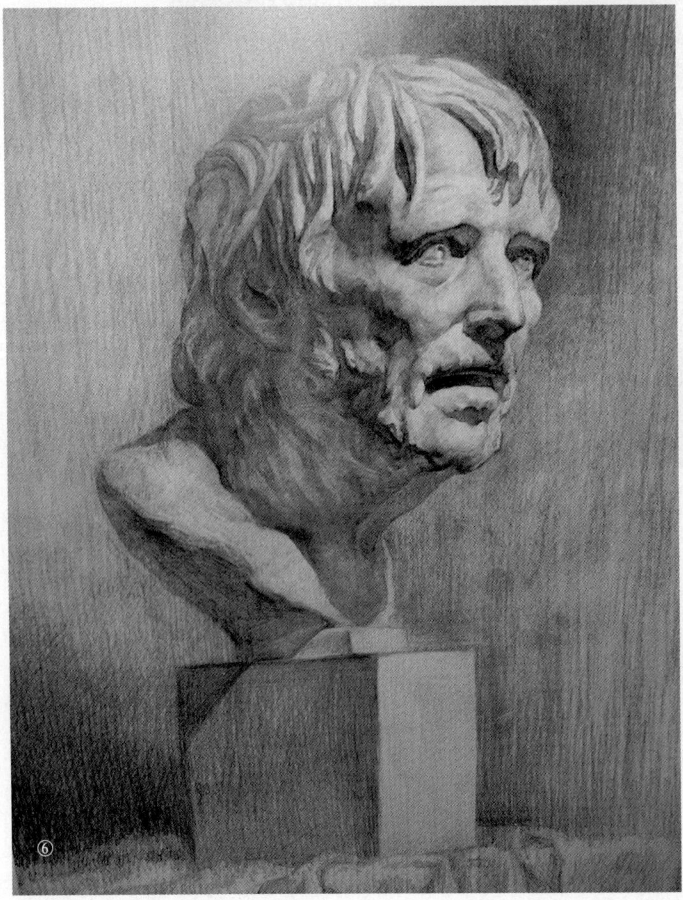

⑥

石膏像写生首先是对石膏像的充分理解和认识，然后用直线构图、起稿，理解它的解剖和结构关系，同时要注意动势和形体特征、形体的前后关系和穿插关系。上调子是为了更好的表现它的解剖和结构关系，要整体进行、主次分明、形象生动。造型要准确，要表现出作品的空间感和体积感。

杨志刚

二、石膏像结构素描写生的方法步骤 （自修）拓展提升

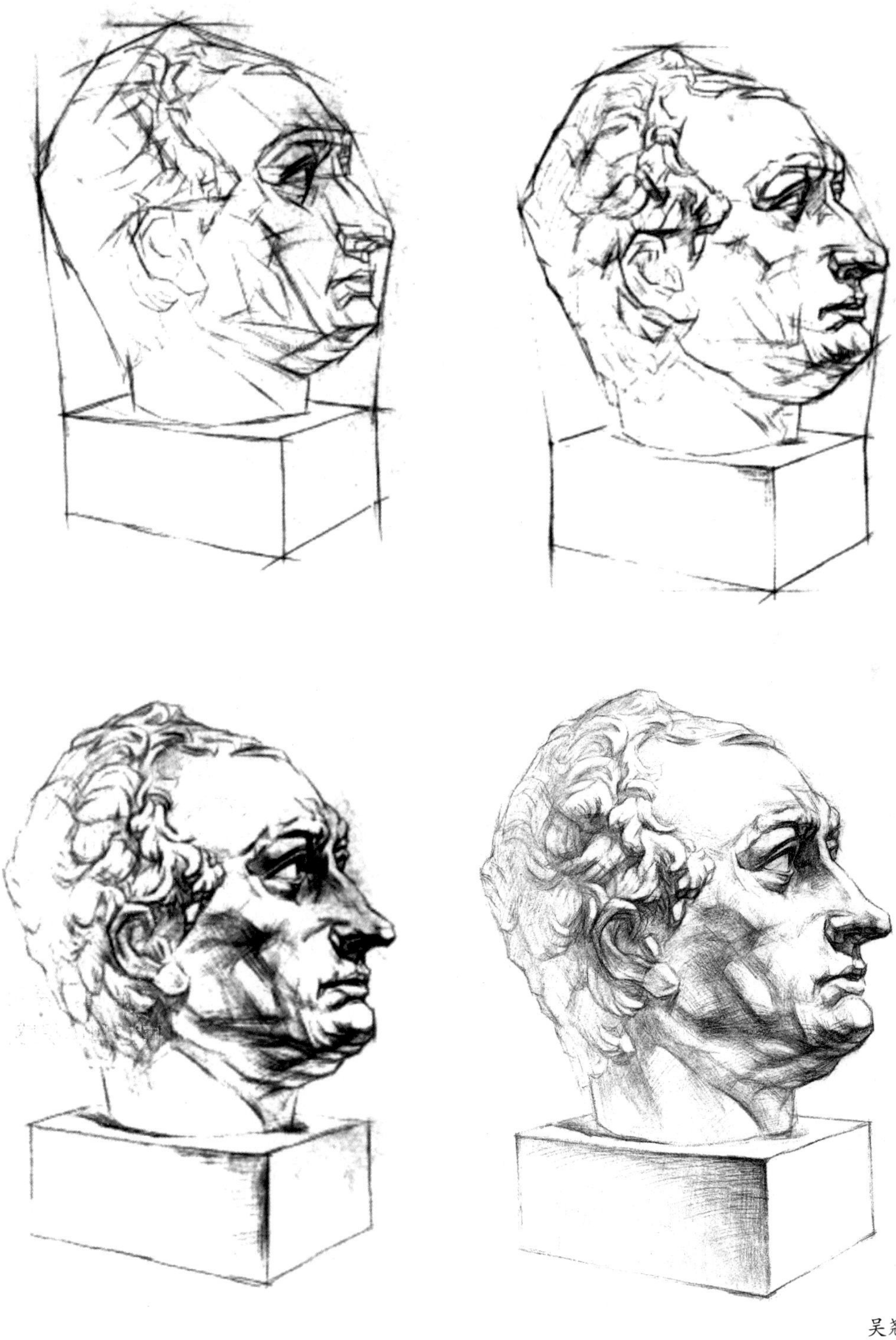

吴翘璇

三、教学范画

孙文超（中国）

喻红（中国）

伊凡诺夫（俄罗斯）

内容提示：本节主要介绍石膏像素描写生的方法步骤。

第六节　人物素描写生

学习石膏像素描写生，是为了更好地表现人物头像。现实中的人物各具风貌，不单是形象、动势、特征等外在形象，更主要的是人物的精神世界。所以，不论在素描的技法手段上，还是表现形式上，人物素描写生比起石膏像都要复杂得多。若想恰到好处地将人物的外在形象及内在精神都表达出来，其难度是相当大的。与石膏像相比，训练的课题是一次质的飞跃，它即是对一个画家艺术修养的全方位的检验，也是画家一生不断对绘画语言、艺术探索的实验场。

人物的素描可包括三个方面：一是头像，二是半身像，三是全身像及人体。

一、人物头像素描写生　（自修）拓展提升

1. 人物头像的结构及动势　要想画好人物头像，首先对人物的头骨、肌肉的组合要有所了解，尤其对人物颜面的几大表情肌更要掌握，这样才能更好地刻画出人物内在的精神世界。

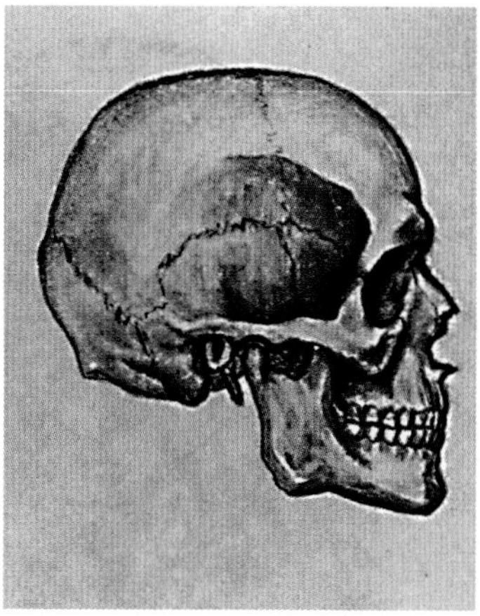

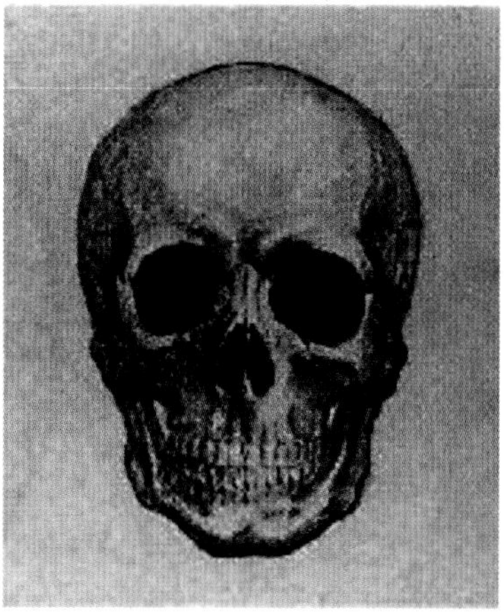

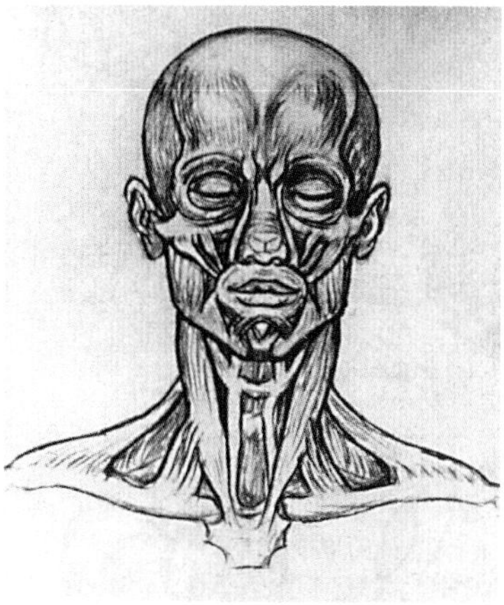

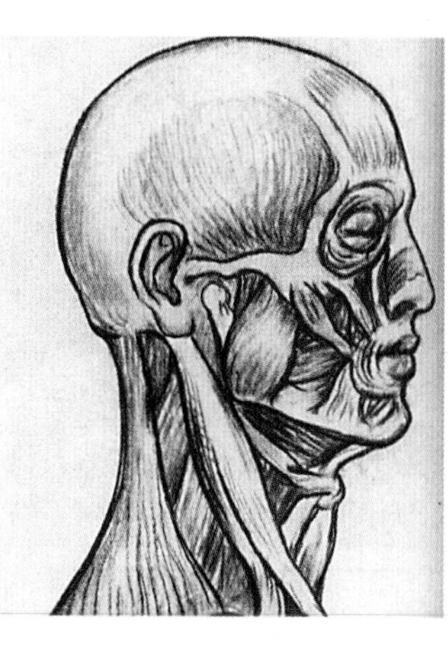

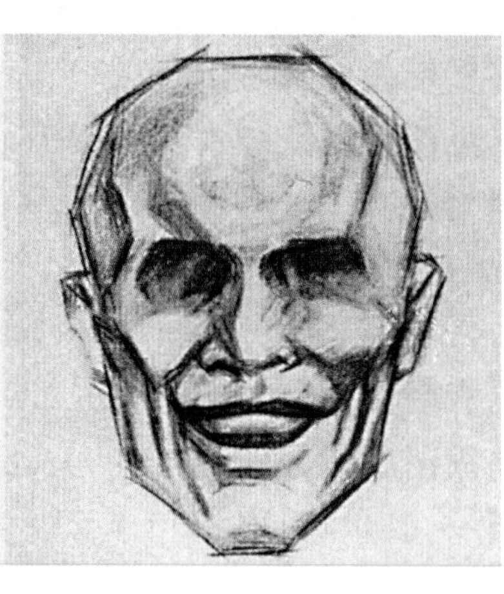

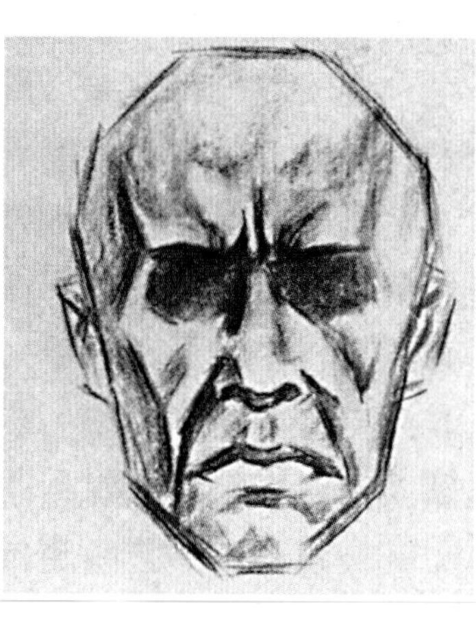

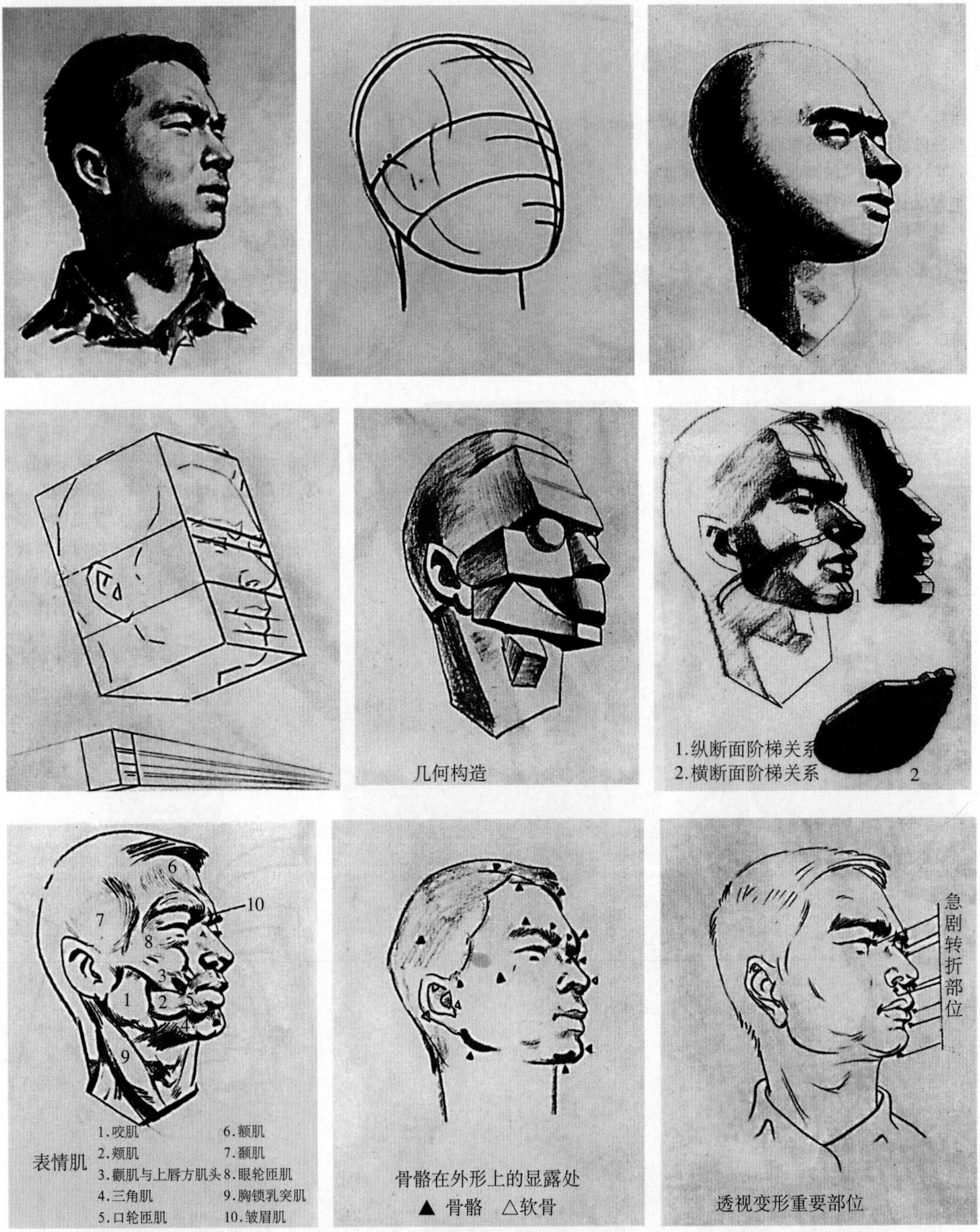

李福来

画头像时，首先必须要解决好一些技术环节，即要表现出头像的解剖结构，还要表现出它的几何结构。这里的各图就是对头像的整体及各部位的理解和认识。

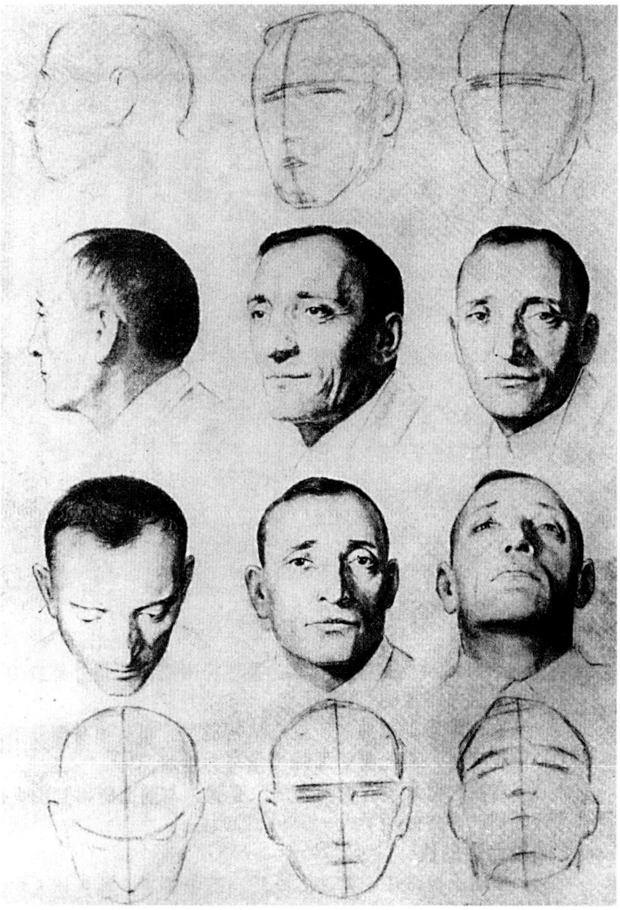

人物头像有俯视、仰视、倾斜、平视及各种角度的变化。

2. 人物头像素描写生的方法步骤

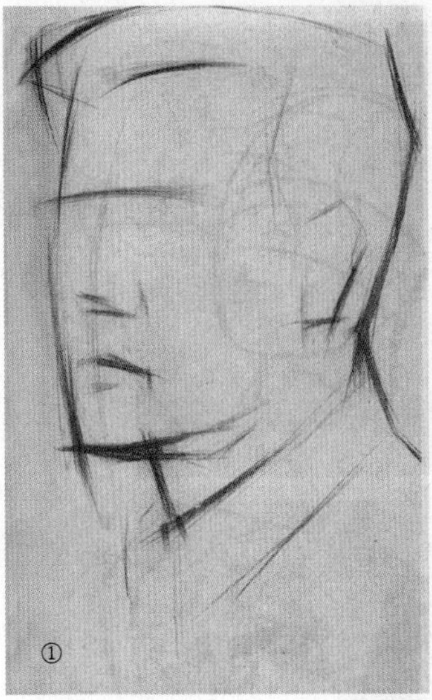

①选择角度、避免畸形、讲求构图安排、注重形式美感，先取虚笔轻浅布置画面，约定头、颈、肩三者各部及方位、朝向的比例，动势、透视、垂直、倾斜等关系。

②确定头、颈、肩立体形构架。并表现出形象特征。

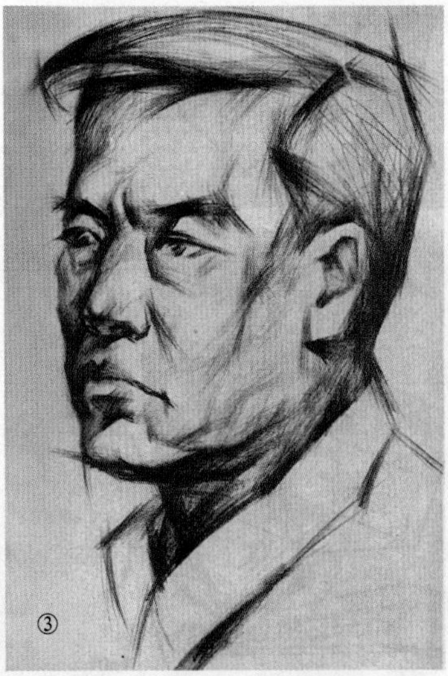

③深入分析，加强理解明暗调子的差别。注意，每画一笔都是在表现它的结构所需。

④整理、归纳、概括，使有主、次的各局部制约于整体之下。造型结实，形象准确，肖似形神。

李福来

3. 教学范画

靳尚谊（中国）

陈逸飞（中国）

米勒（法国）

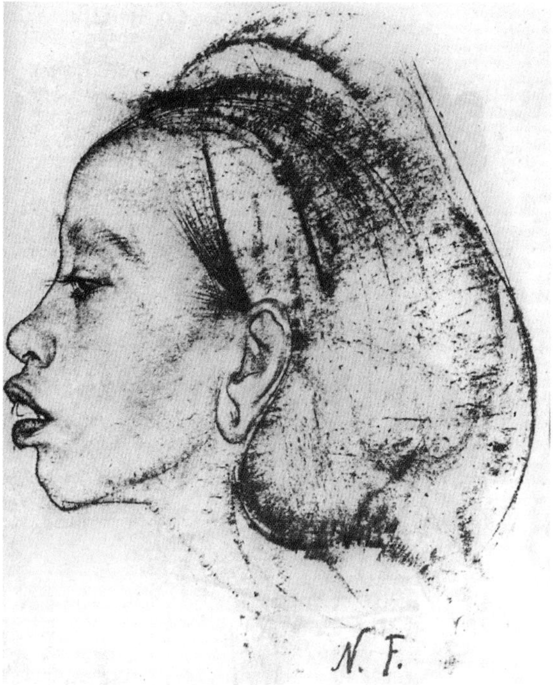

费钦（美国）

达·芬奇（意大利）

格拉祖诺夫（俄罗斯）

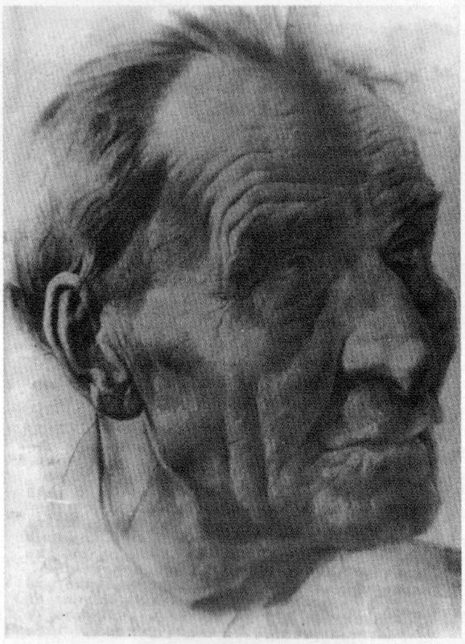

雅格夫列夫（俄罗斯）

安德列耶夫（前苏联）

滕井勉（日本）

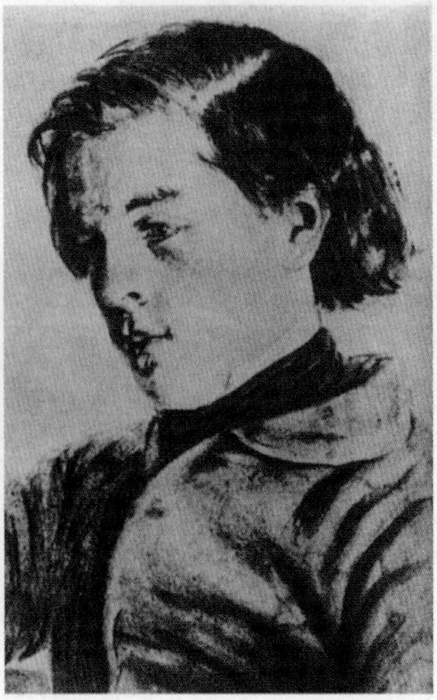

门采尔（德国）

蒙克（挪威）

库里希维支（波兰）

博巴（前南斯拉夫）

马蒂斯（法国）

盖瑞·斯梅恩斯（美国）

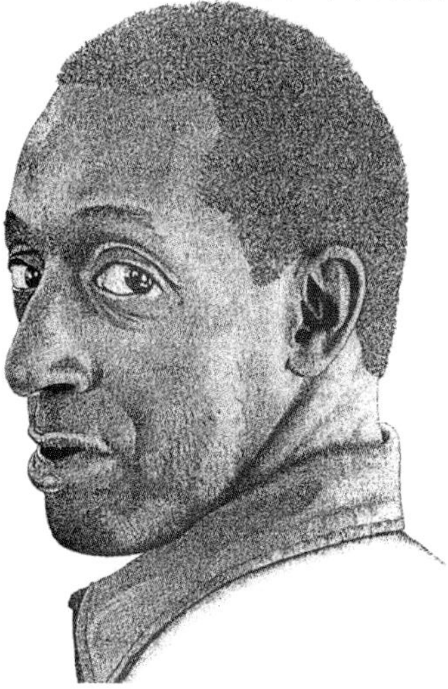

盖瑞·斯梅恩斯（美国）

二、人体的素描写生（自修）拓展提升

人体的素描写生，是在头像的基础上的又一层次的深入。随着要表现的内容更加丰富，对表现的方法、手段及认识的深刻程度，无疑也上升到更高的要求。尤其是人体素描，甚至可以说是素描研究的最高课题。

1.人体解剖结构 要画好人体的素描写生，必须对人体的解剖结构（骨骼、肌肉）和几何结构有充分的认识。随着人体动势的变化，其肌肉、骨骼的变化是极其微妙的，只有对人体的解剖结构和几何结构有充分的理解和把握，同时也必须是一位驾驭素描这种绘画语言的高手，才能表现得恰到好处。

动势中的人体照片

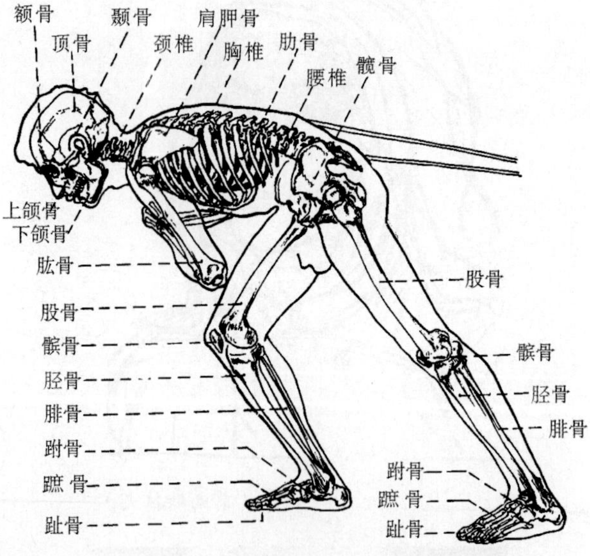

动势中的人体各部骨骼及变化

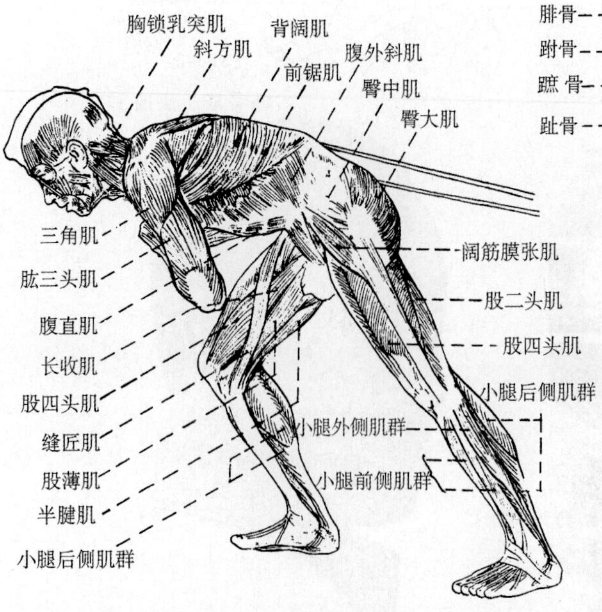

动势中的人体各部肌肉及变化

人体素描写生中，对于手的研究与认识也是非常重要的。手，被称为人的第二个面孔。手对于人的年龄、性别、职业、体质及精神状态、心理情绪的反映，是最形象不过的了。称得上上乘作品的手部刻画，都具有奇妙的表情达意的作用。

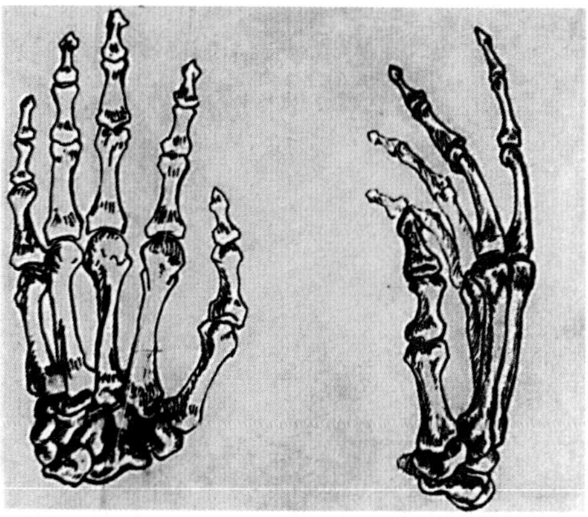

人的手骨

2. 人体写生时的分析认识

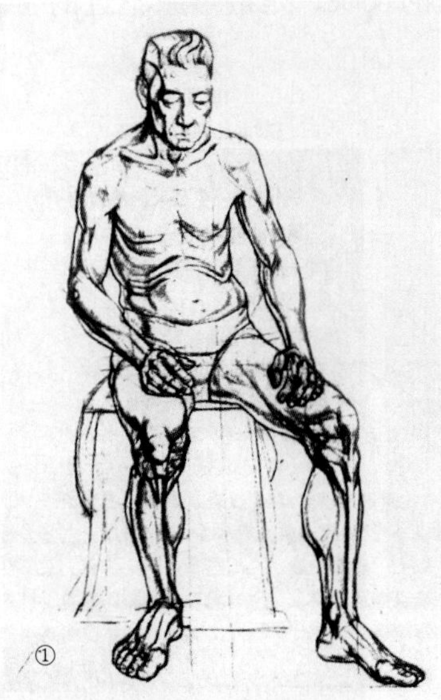

①对人体进行几何结构分析和理解。

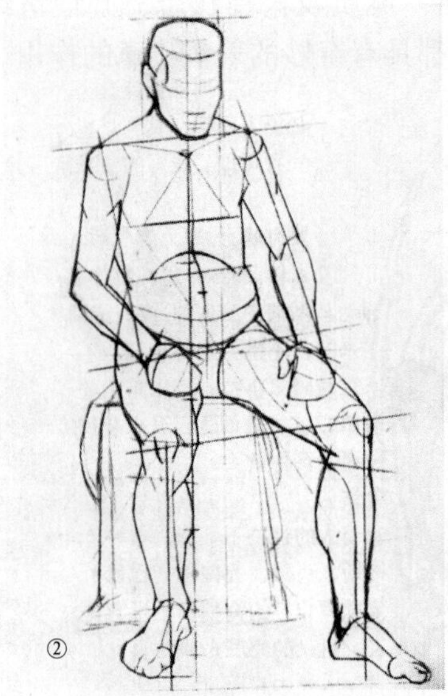

②对人体进行解剖结构分析，理解各部肌肉的连接关系。

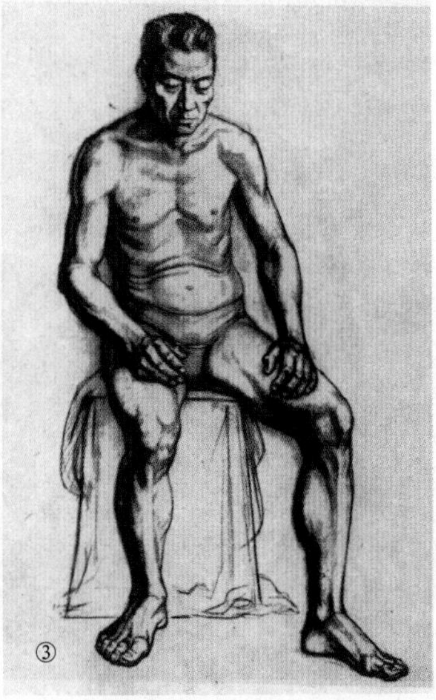

③以调子的手段对人体进行塑造和表现。

徐君宜

3. 双人写生步骤

人物照片

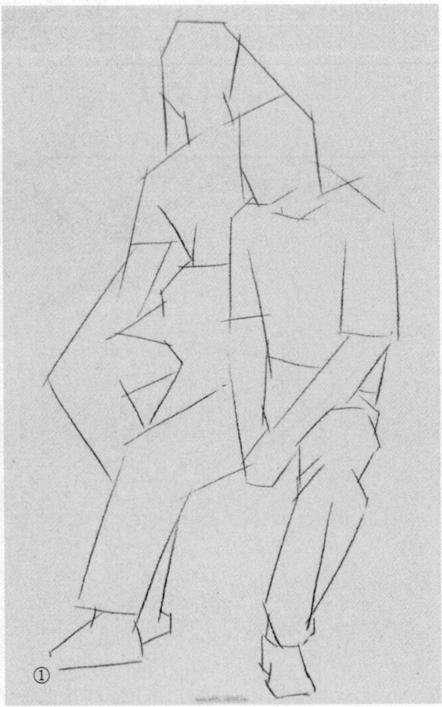

①先用大直线把人物的大体比例和构图确定下来，要注意画面两个人物的大小和位置，保持画面的均衡和饱满。

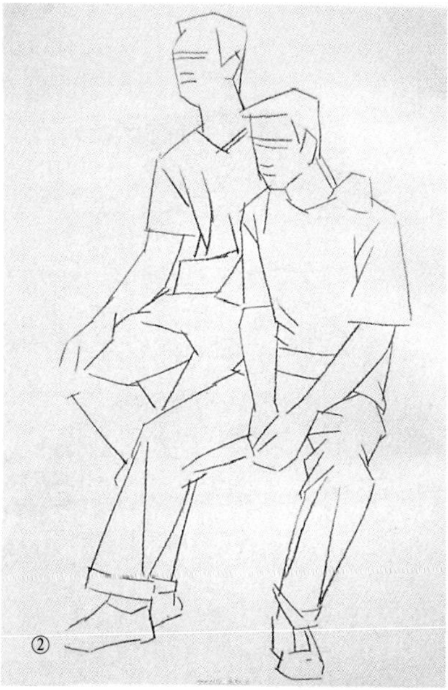

②确定五官的位置和大的结构转折关系。

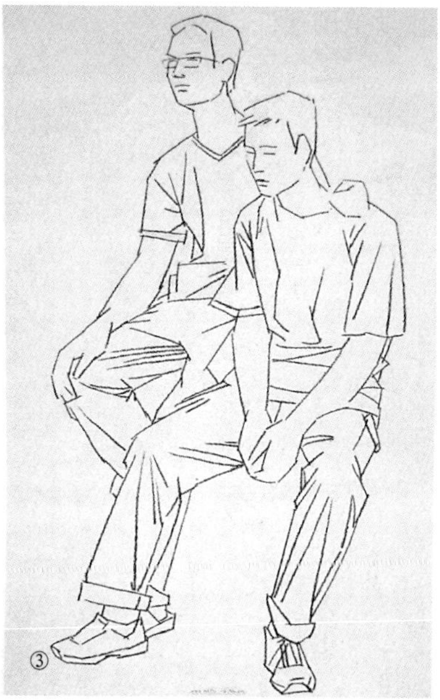

③把人物因动作而产生的大的衣纹疏密关系大致确定下来。这一步只找大的对比关系，不要过多地关注细节问题。

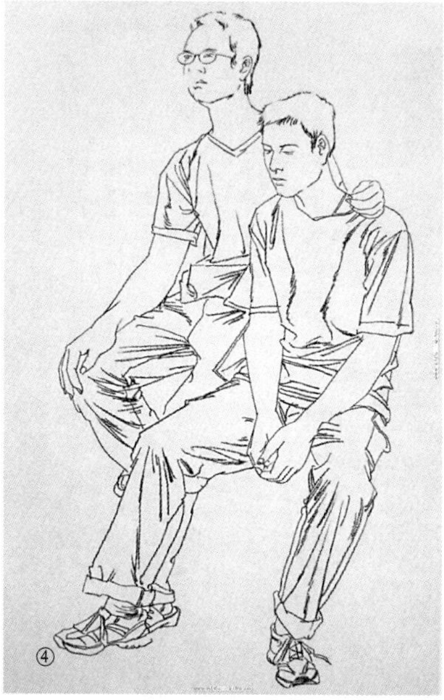

④初步把五官、手、脚以及衣纹的细节确定下来，进一步深入刻画局部的结构关系。

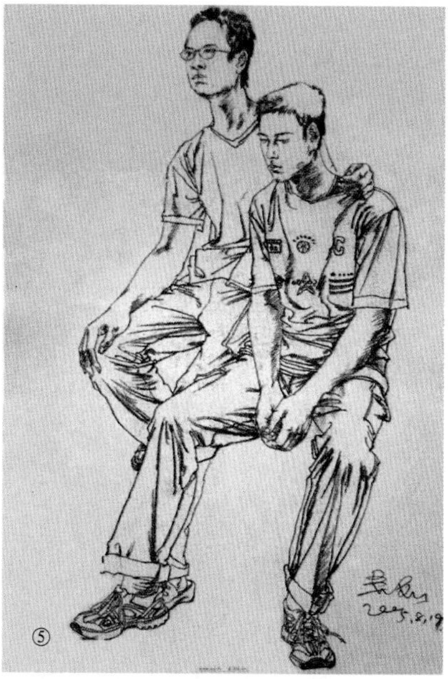

⑤增加详细的细节和局部效果，进一步调整画面的疏密关系，丰富线条的变化，完整画面。

吴 磊

4.教学范画

安格尔（法国）

贺尔拜因（德国）

列宾（俄国）

米开朗基罗（意大利）

卡开朗·莱苏

米开朗基罗（意大利）

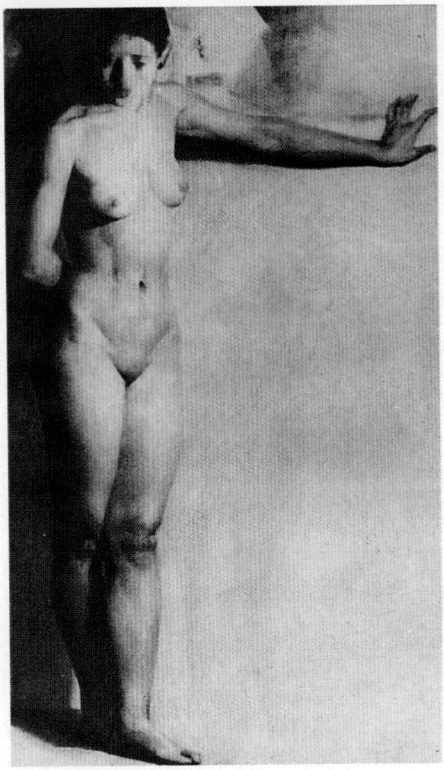

杨为铭

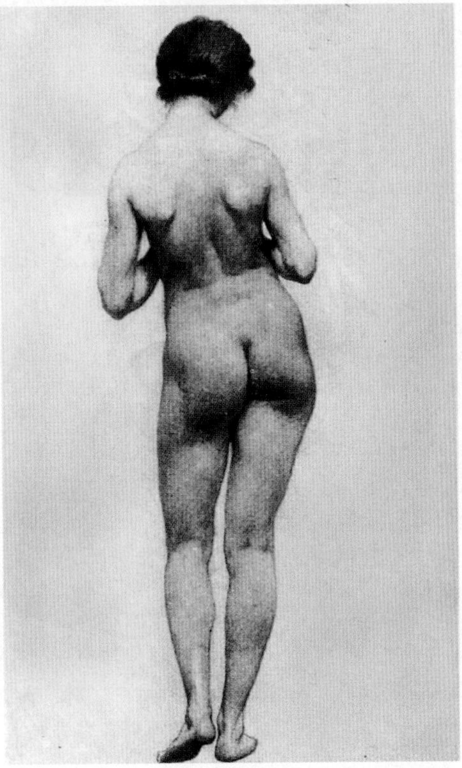

徐悲鸿

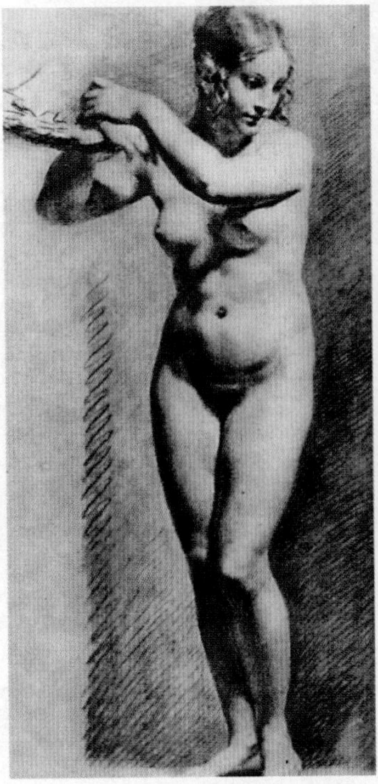

普吕东（法国）

约丹斯（佛兰德斯）

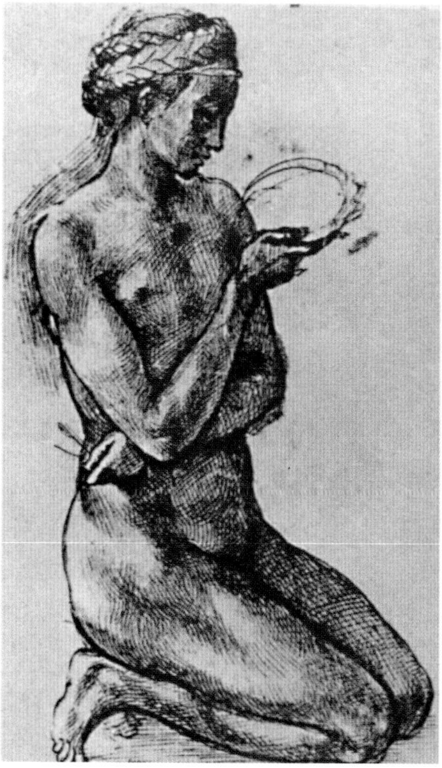

米开朗基罗（意大利）

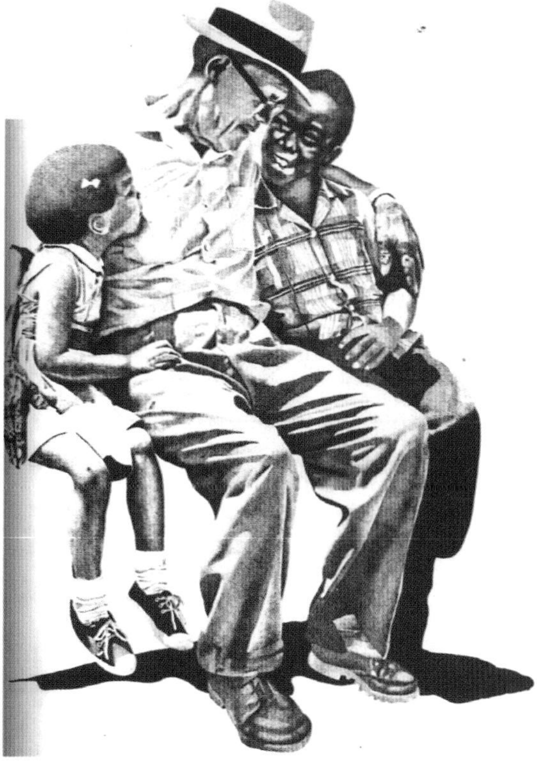

盖瑞·斯梅恩斯（美国）

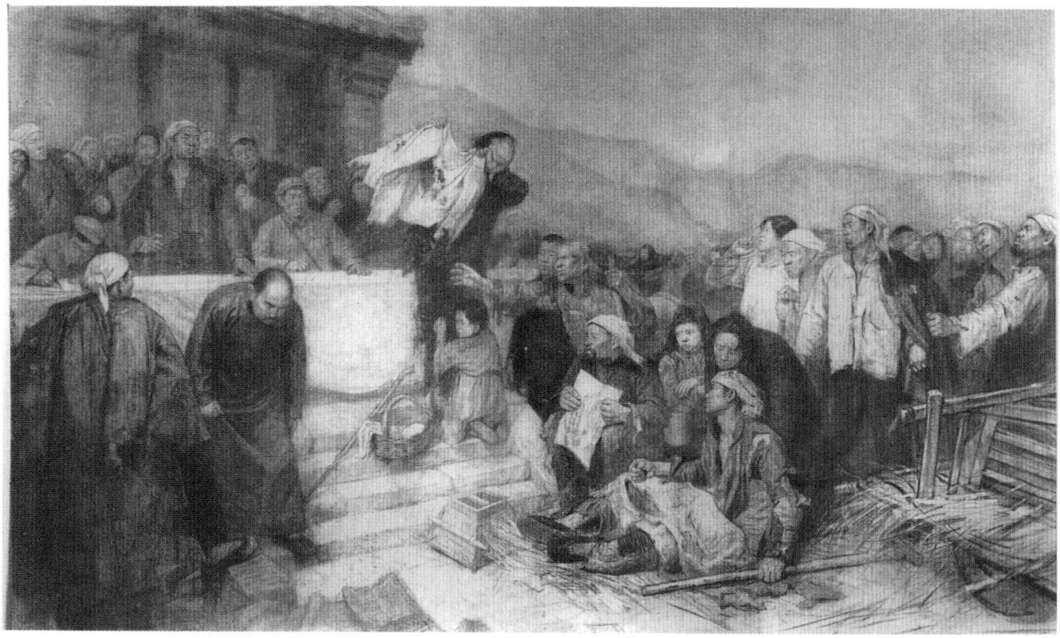

王式廓（中国）

内容提示：本节主要介绍各个时期的名家作品，其表现风格各不相同，绘画工具也不一样。

第七节 速　写

谢洛夫（俄国）

速写是在较短的时间内，迅速将对象描绘下来的一种绘画形式，也称为短时间素描。它有训练造型能力（研究性速写）和收集素材（表现性速写）两类。生活中千变万化的场面，稍纵即逝的优美动作，不允许也不可能让你看一眼，画一笔，必须在新鲜的感受尚未淡漠和消失之时凭借印象和记忆及时地默写下来。另外，长时间的素描，容易产生看一眼、画一笔甚至模拟表面烦琐现象，致使画面很杂、很板，甚至宣宾夺主、一塌糊涂。速写最能训练绘画者敏锐的观察能力和对物质世界的新鲜感受。古今中外许许多多的艺术家都是终生不离速写，终生受其补益。

一、人物头像速写的方法步骤　（自修）拓展提升

头像速写：要抓住人物的主要形象特征，即五官特征、头型特征及动势特征，再抓住其神态气质，这样放笔直取，力求简练生动。

李　夏

二、人物动态速写的方法步骤 （自修）拓展提升

画动态速写时，为了迅速把握动态，应当分清主次，首先抓住最能概括动态特征的主线，即动态线，再继续画出其余部分，要做到心中有数，大胆落笔，一气呵成。

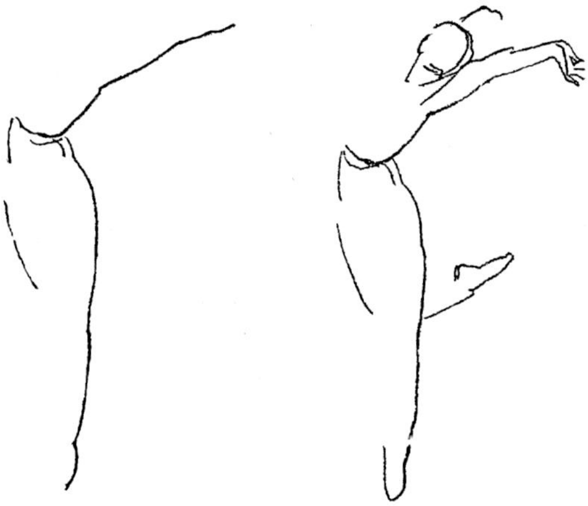

李　夏

三、风景速写的方法步骤 （必修）掌握

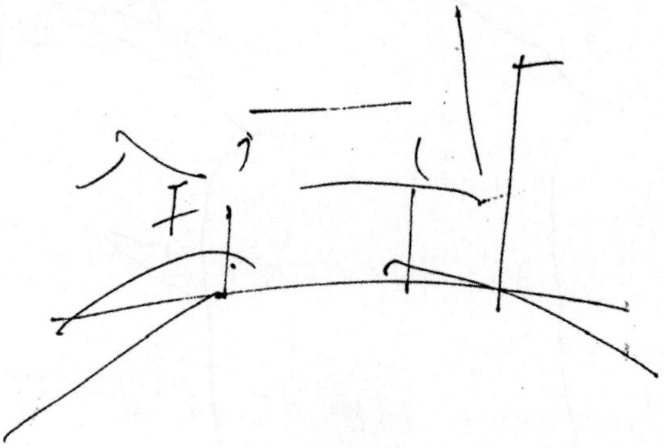

大体布局

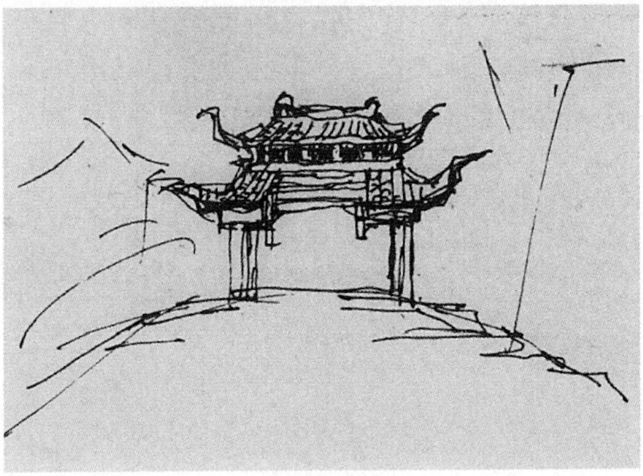

主体入手

添加近景、远景

调整画面

张家素

四、教学范画

安格尔(法国)

谢洛夫(俄罗斯)

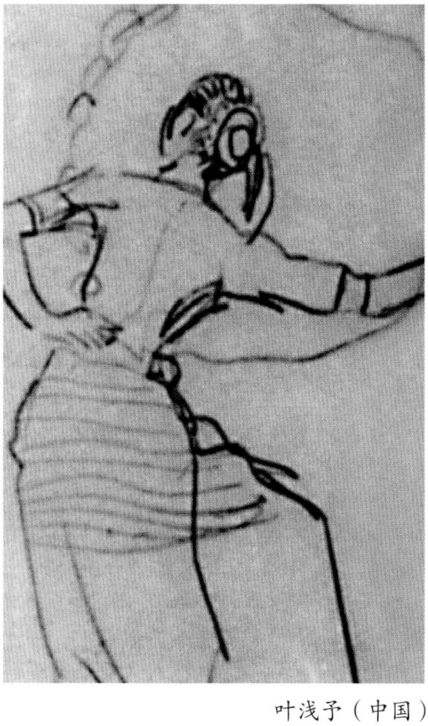

叶浅予（中国）

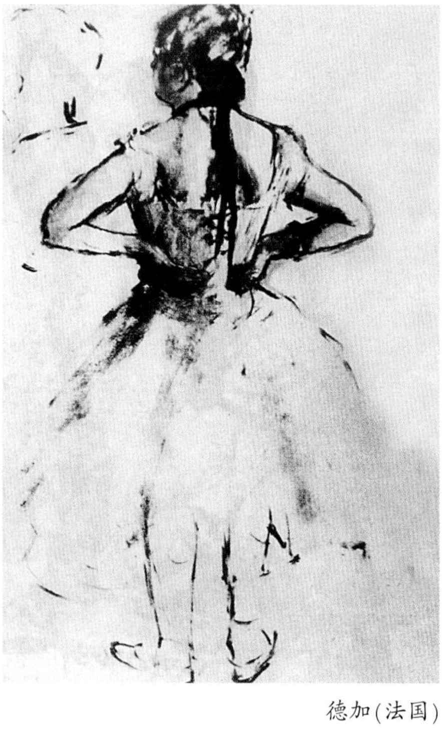

德加(法国)

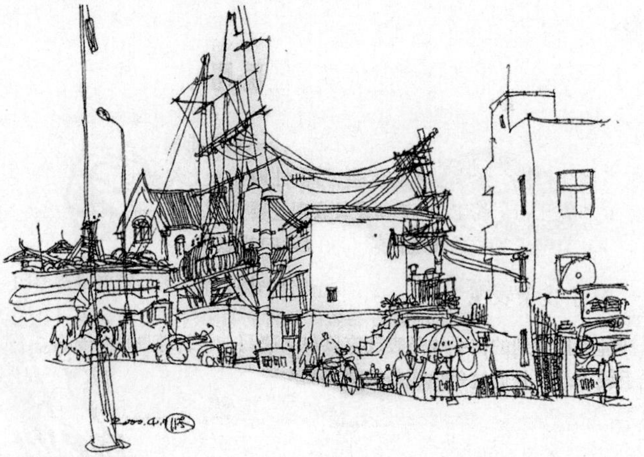

李　宏

李茁孜

张家素

宫晓滨

吴义曲

严　跃

内容提示：本节主要介绍速写的作画步骤、不同的表现工具和不同的表现风格，重点是风景速写。

第四章

绘画基本造型能力训练——色彩

学习目标与学习建议：

必修掌握的是：水彩静物色彩写生、水粉静物色彩写生；需要了解的是：色彩基础知识；需要通过自修学习拓展提升的是：水彩风景色彩写生、水粉风景色彩写生。

建议通过先临摹、后写生及临摹与写生交叉的方法进行训练。

色彩是自然界客观存在的物质——光的一种表现形式。是光使自然万物色彩纷呈。色彩，既能使人兴奋、愉悦、心神畅爽，又能使人压抑、低沉、郁郁寡欢。这些都是人们的视觉经验作用于心理所产生的迁移性作用。正确掌握色彩的基本规律，把握对自然物象色彩的观察能力和表现能力是学习色彩的关键。

从古至今，人类一直在感受大自然的色彩美，同时也一直在用色彩表现着美。不论是人类童年时期的壁画、岩画、彩陶，还是现代绘画中的色彩抒情；不论是人们生活中的衣食住行，还是园林规划设计等，无不考虑色彩的搭配。由此可见，色彩给人们带来的审美感受是多么的直接。正如马克思所说："色彩的感觉是美感最普及的形式"。

第一节　色彩基础知识

一、色彩的产生　（必修）了解

由于太阳光谱的发现，色彩学才有了长足的进展，因而从根本上改变了人们对光与色的认识。色，来源于光，没有光就看不到色。

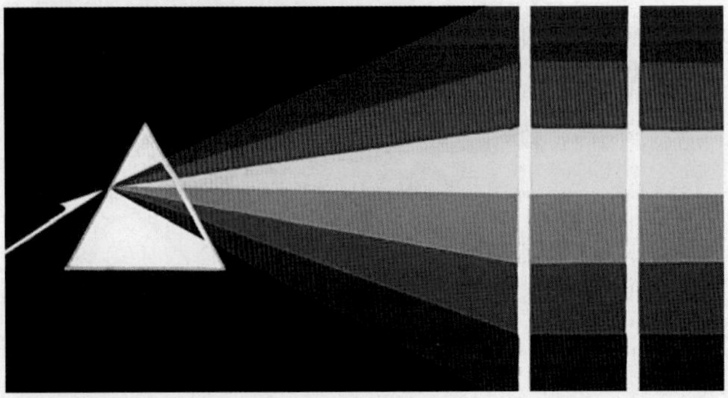

光谱示意图

色光的混合：如果将红、橙、黄、绿、青、蓝、紫的色光相加在一起，即为白色光。

颜料的混合：如果将红、橙、黄、绿、青、蓝、紫的颜料相调在一起，即为黑灰色。

光，愈加愈亮。色，愈加愈暗。

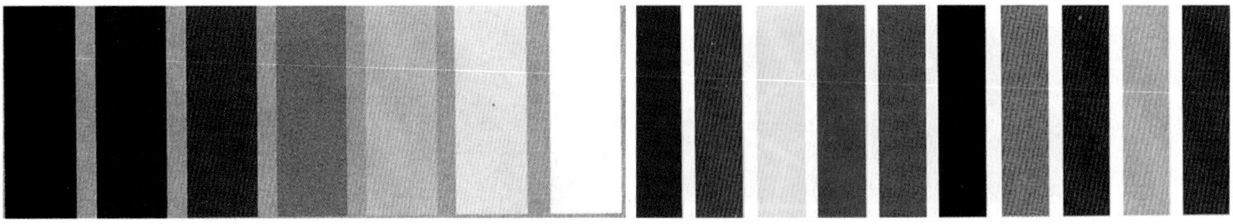

无彩色　　　　有彩色

二、色彩的分类 （必修）了解

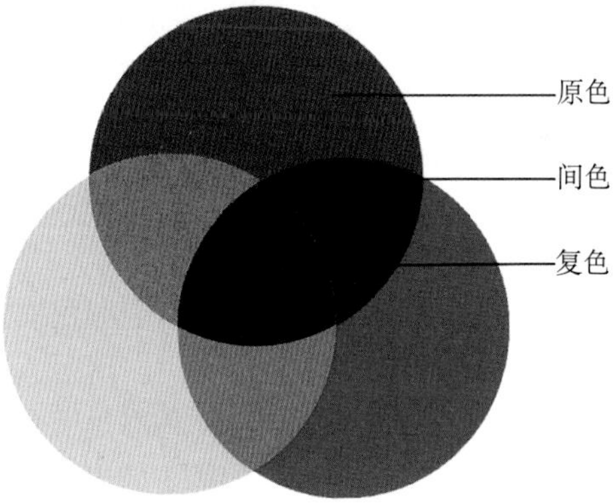

色彩大致可分为有彩色（如红、橙、黄、绿、青、蓝、紫）和无彩色（如黑、白、灰）两大类。

有彩色可分为原色、间色、复色、补色等。

原色，也称为三原色，即原有色，是指其他颜色无法调出的颜色，颜料三原色为红、黄、蓝，色光三原色为红、绿、蓝。

间色，是由两种原色混合而成的颜色。即：红+黄=橙，黄+蓝=绿，红+蓝=紫。

若一种原色多于另一种原色时，就会调出更多的间色。

复色，是由三种或三种以上颜色相调和而成的颜色。

补色，又称为互补色、对比色。互补色是指色相环中通过直径相对应（色相距离180度）的颜色。红与绿，黄与紫，蓝与橙，是纯度较高的三对互补色，互补色并置能产生最强烈的对比色彩，如，红色与绿色放在一起，红色显得更红，绿色显得更绿。

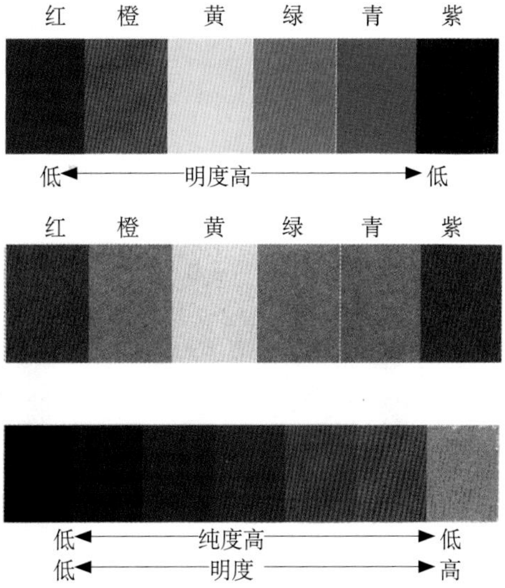

三、色彩的三要素 （必修）了解

色彩的三要素指的是颜色的色相、明度和纯度。

色相，即色彩的相貌，是指不同颜色的名称，如：红色、黄色、绿色等。

明度，是指色彩的明暗深浅程度，又称为色度。这里包含两层意思：①不同色相其明度是不一样的；②同一种颜色本身因加黑和加白可造成明度的不同。

纯度，是指色彩的饱和程度，也称为彩度、单纯度。这里的饱和度是指：①是否加了其他颜色；②是否加了黑和白；③调和剂的多与少。

通过色盘可观察到明度和纯度的变化。

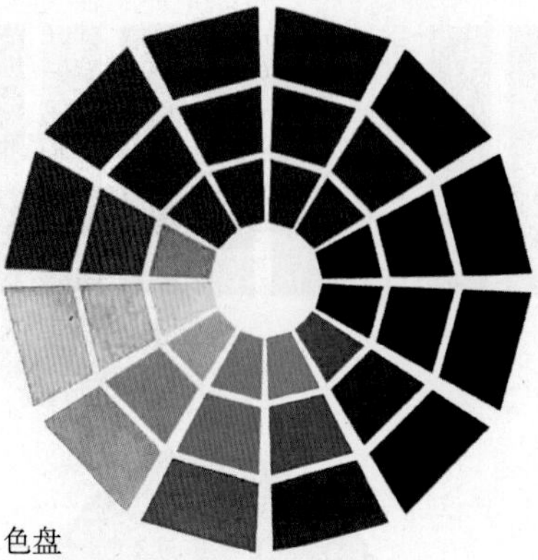

色盘

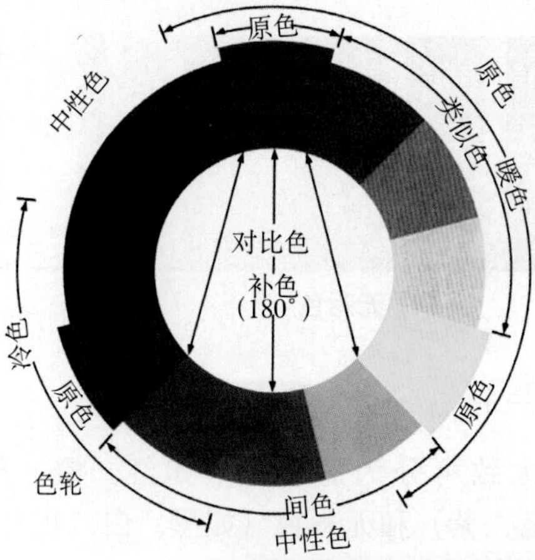

色轮

四、色性 （必修）了解

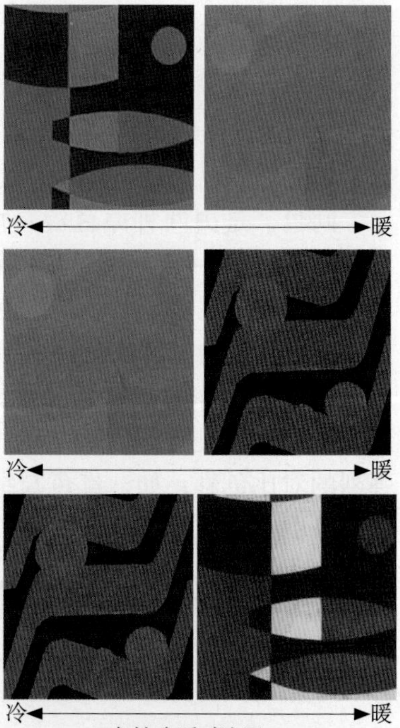

色性冷暖对比图

色性指色彩的性格，是由于颜色对人们造成的心理反应而产生的冷与暖的情感效应。这是人类对自然现象的体验造成的。比如：蓝天、大海都是蓝色，温度是凉的、冷的；火焰、太阳是红色，温度是热的、暖的。人们便把这两类颜色，称为冷色和暖色。

色性的分类：色性分为三大类，即冷色、暖色、中性色。

冷色为蓝、绿、紫；暖色为红、橙、黄；中性色介于冷、暖色之间，如赭石、紫罗兰、白、黑等。同是暖色或冷色，冷暖也是对比而言的，如：冷色中蓝比绿冷；同是暖色，中朱红比深红暖。所以说冷和暖是相对的。但也有很不明显的中性色，它们与冷色相处而冷，与暖色相处则偏暖。

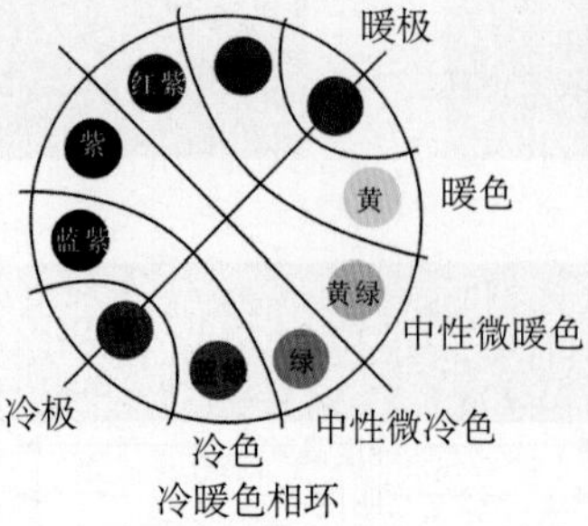

冷暖色相环

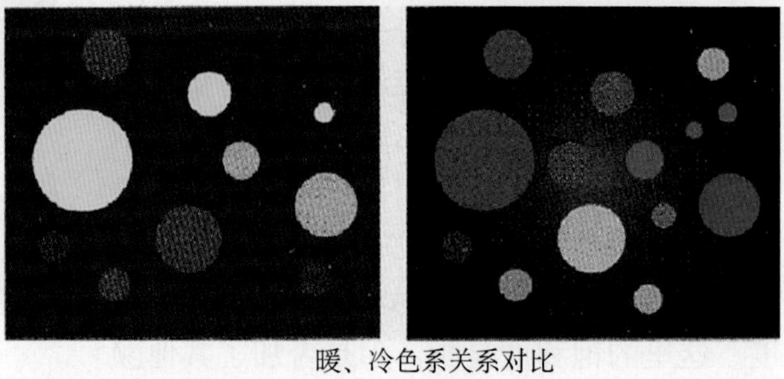

暖、冷色系关系对比

五、色彩的感觉与联想

自然界的四时更替，风、霜、雪、雨等各种天气变化所形成的各种自然环境，人为事物、人文观念等，无疑都会给人们的身心造成各种当时色彩情景的烙印，在人们的心灵中留下各种色彩的痕迹。这样，人们每逢在感受各种色彩时，总会产生各种各样景象与情感方面的联想，这就是色彩的感染力。

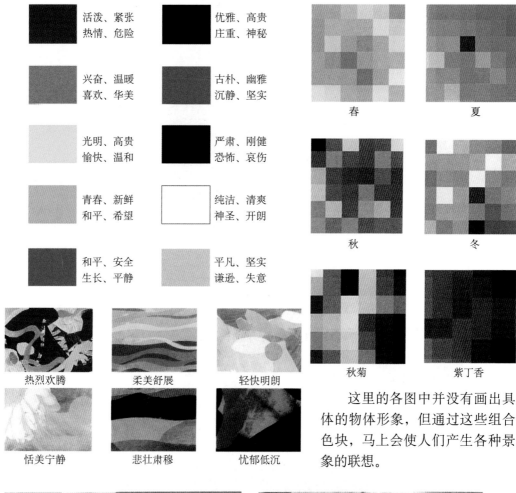

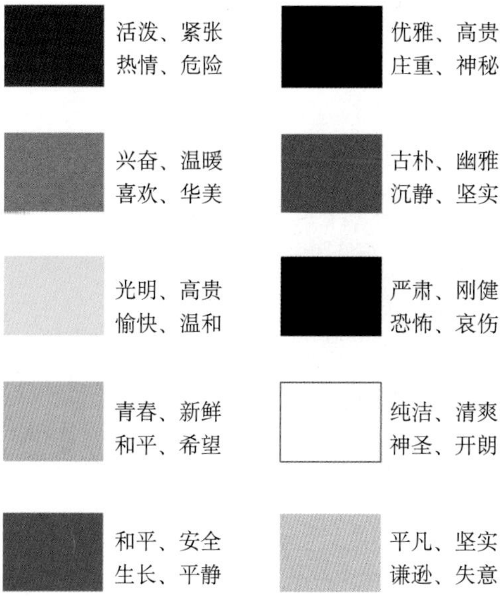

春

夏

秋

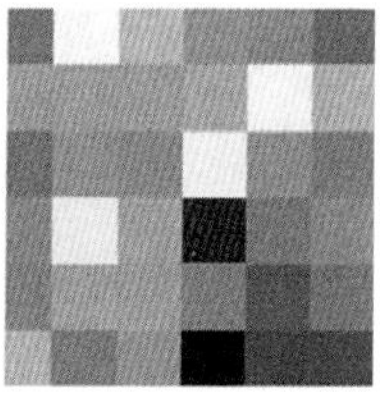
冬

秋菊

紫丁香

热烈欢腾

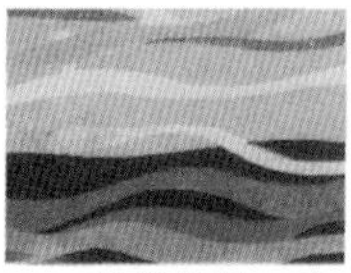
柔美舒展

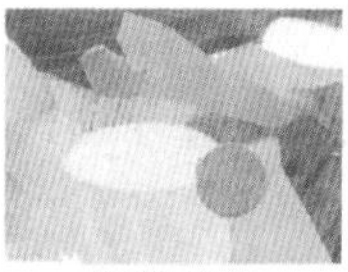
轻快明朗

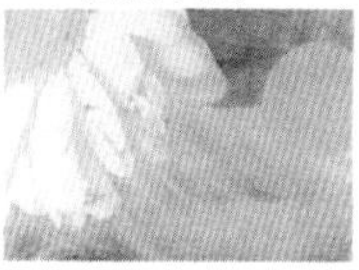
恬美宁静

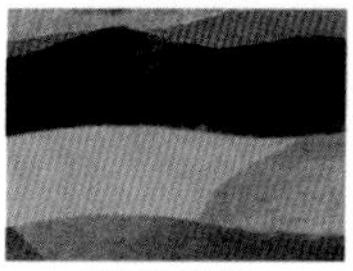
悲壮肃穆

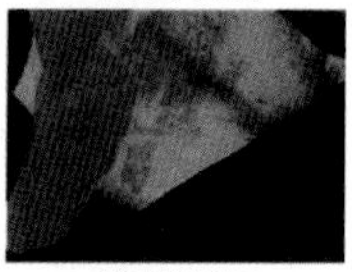
忧郁低沉

这里的各图中并没有画出具体的物体形象，但通过这些组合色块，马上会使人们产生各种景象的联想。

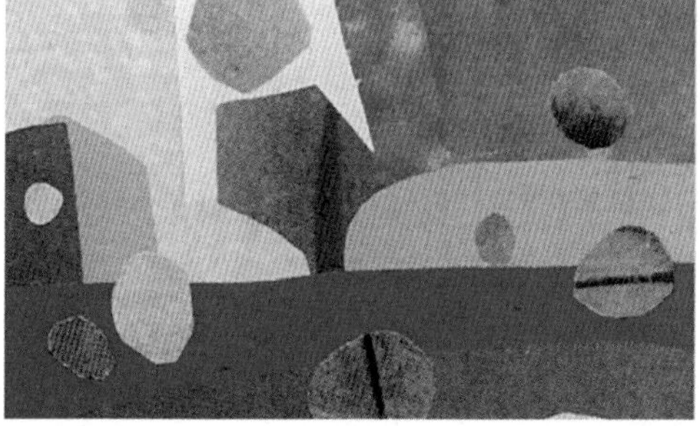
田园交响曲　学生作品

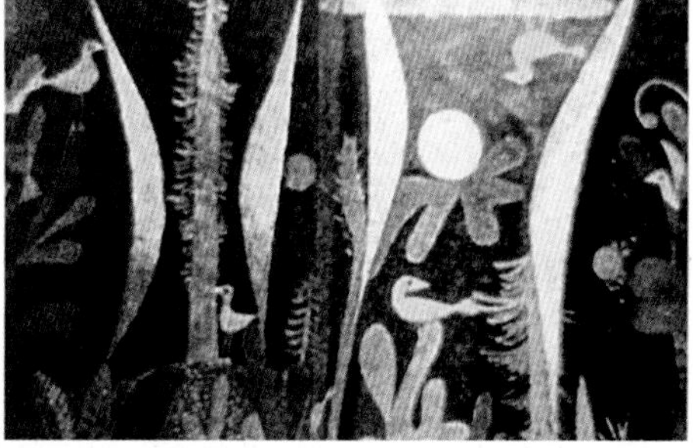
黄色鸟的风景　保罗·克利 [瑞士]

六、影响物体色彩关系变化的相关要素 （必修）了解

固有色，指在正常的光线（自然光）照射下物体本身的颜色。如红花、绿叶、蓝天等。

光源色，指光源自身的颜色，如灯光、日光、月光等。特别是强光源下，不同色彩可以同化或改变物象的色彩。

环境色，也称为条件色，指物体周围环境的颜色。环境的色彩反射在物体上形成的色彩倾向，有时甚至可以改变物体的固有色。

空间色，是因物体距离的远近不同而产生的色彩透视现象。

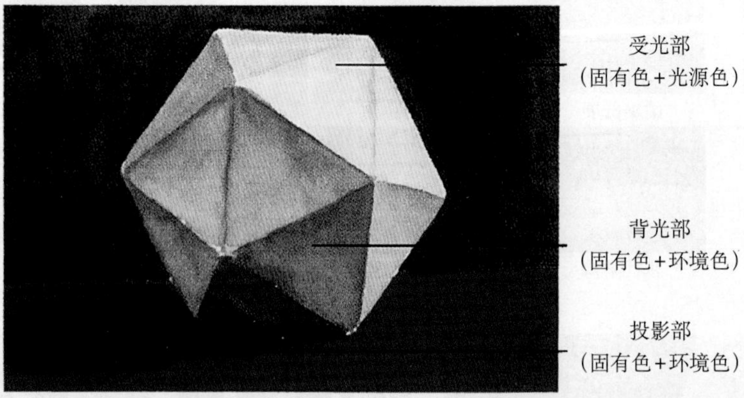

潘家远

作画时要灵活运用物体光色变化规律。

内容提示：本节主要介绍色彩的基础知识、基本原理、色彩观察与表现的基本规律。

第二节　静物色彩写生

初步了解了色彩的各种属性及原理，并不等于对色彩有了充分的掌握，故需在写生的实际过程中，把这些一般性的规律转化为观察能力和表现能力。用色彩进行静物写生，是培养初学者用颜色塑造和表现形体能力的重要阶段之一。

一、水彩静物写生

水彩画的特点是色彩概括鲜艳明快、透明度强、表现力丰富、绘画内容广泛，它以水为媒介，易掌握、易表现。水彩画的关键在于用水和用色及用笔，这三者恰到好处时，就能很好地表现出水彩画的特点来。

1.水彩静物写生作画步骤

①画面起稿后着色时，先画苹果和衬布的大色调。

②画茶罐和小罐子，仍由明到暗完成大体色。

③大笔触画背景。茶罐的背景用蓝浅灰色，而左右两边用蓝深灰色衬托茶罐，要特别注意四种物体的明暗调子。

④进一步刻画衬布，使衬布、苹果和茶罐以及背景色彩协调。

⑤据衬布的色彩明暗来协调桌面的色彩明暗，最后整体调整完成画面。

刘远智

2. 水彩静物教学范画

刘文甫

徐海川

巴巴拉·多思利

张永生

二、水粉静物写生 （必修）掌握

水粉与水彩有亲缘关系，同是以水为媒介进行调和颜料，水粉画既有水彩画的明快、柔和的表现效果，又有油画的厚重、覆盖力强的特点，修改、调整的余地大，并可进行深入细致的描绘。

1. 水粉静物写生作画步骤

①确定结构线和轮廓线，考虑全局并认真勾勒出各个物体的造型特点及其在画面中的位置。

②加强物体结构的准确性，并区分画面中的明暗关系。注意这一步色彩不宜画的太厚，否则不利于下一步深入刻画。

③先从画面中最暗的部位着色，用色要重而纯正。按照先暗后明、先用色（不加白粉）后用粉的顺序，确定画面中的色彩对比关系。

④进一步调整画面的整体色彩，同时要集中精力把背景色彩画准确，这样画面的主次关系就更明确了。

宫六朝

2. 水粉静物教学范画

李　正

周美艳

选自《色彩静物》张磊 史峰主编

胡国良

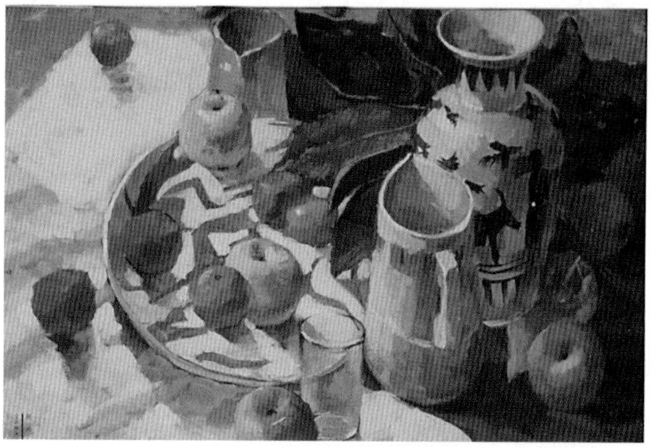

陈　瑶

内容提示：本节主要介绍水彩静物、水粉静物写生的作画步骤，及不同的表现风格和表现手法。

第三节　风景色彩写生

自然界景物变化万千，有着完美的造型和斑斓的色彩。太阳的变化、四时的更迭；风雨云烟、晨曦晚霞，既增加了其不稳定感，同时也提供了广阔的色彩源泉，用绘画表现大自然更能训练绘画者的能力和表现技巧。

风景画用铅笔起稿时，应认真观察分析远景、中景、近景在画面中的位置，以及形体、比例和透视关系。表现时一般是近景画的概括、中景画的较实、远景画的较虚，这样可以拉开景物的空间、距离和层次。

一、水彩风景写生　（自修）拓展提升

1.水彩风景写生作画步骤

实景照片

①

①简洁地勾出树木及地面的大体位置和形状。

②用平刷蘸蓝色抹右上部的天空。将青色和少许赭石色调和后表现远山。

③待这些色块干后用墨绿色画远处的小树丛，用绿色和赭石色调和后画草地。

④顺着炭笔笔触画近景中的树、树枝和阴影。

⑤用灰色画树映在水面上的倒影，用蓝色画水，将上游空出来。

⑥调整，收拾画面，添些树枝，加深树的阴影部分。注意要等全部色块都干透了才能动手调整和收拾。

Parram' on Editrial Team

2. 水彩风景教学范画

威廉·透纳（英国）

赖恩·阿蒂约(美国)

朱利叶特·帕尔默　圣·让·德布格（英国）

约翰·诋克（美国）

罗纳德·罗依克拉夫特（美国）

二、水粉风景写生 （自修）拓展提升

1.水粉风景写生作画步骤

①取景构图后，用单色画出主体房屋、树木、花草的外形轮廓与结构。

②运用湿画法，由远及近，先画出白云、蓝天，并趁湿画出远树、近树的颜色，以及花草的暗部色彩。

③从暗部着手，先画出主体房屋的投影和屋顶、屋檐的暗部，并画出草地及花木的色彩。

④画出房屋墙面、屋顶和地面的亮面色彩。注意检查房屋的亮部与暗部、天空、树木、花草、地面之间的关系是否正确。如果满意，可深入刻画细部。

李宗儒

2. 水粉风景教学范画

关广庆（中国）

李允国（ 中国）

东山魁一（日本）

郭振山（中国）

里奇蒙·利特尔约翰斯（英国）

里奇蒙·利特尔约翰斯（英国）

里奇蒙·利特尔约翰斯（英国）

里奇蒙·利特尔约翰斯（英国）

内容提示：本节主要介绍水彩风景、水粉风景写生的作画步骤，及不同的表现风格和表现手法。

第二部分

专业表现技法及应用

第五章

园林造景要素单体手绘表现技法

学习目标与学习建议：

必须掌握的是：花草树木的画法、山石的画法、园林建筑及小品的画法；需要通过自修学习拓展提升的是：配景人物、车、船的画法。

建议通过大量的临摹，也可结合写生的方法进行训练。

通过前面的学习，我们对绘画造型的基础知识和基本规律都有了一定的了解和掌握，但是对表现特定景物，即园林设计中的个体造型，如用纯绘画形式去表现，难免表达得不够简洁明了，故本章就个别景物造型的基本原理进行介绍并列举一些范画。当然手法、形式不仅仅局限于这些，这里只起到一些示范提示的作用。另外，初学者还可以通过临摩，训练绘画造型能力及掌握各种设计绘画造型的初步模式（模式不是定式，初学者在今后的长期绘画实践中还会掌握更多种表现模式）以便在设计中使用。

第一节　花草树木的画法

一、树木的结构形态分析 （必修）了解

自然界中的树木种类繁多，千姿百态，画树时只要掌握“树分四枝”“阴阳向背”这一共同的规律，加之各种树的干、枝、叶的体貌特征。无论以何种形式、何种技法，都能画出生动的树。

“树分四枝”：树木的结构分树干、树枝和树冠。古人云“树分四枝”，就是说，画树要注意树枝的前后左右的空间关系。

“阴阳向背”：就是说，画树要概括地画出其受光面和背光面，表现出树的整体体积和生动的自然生长形态。

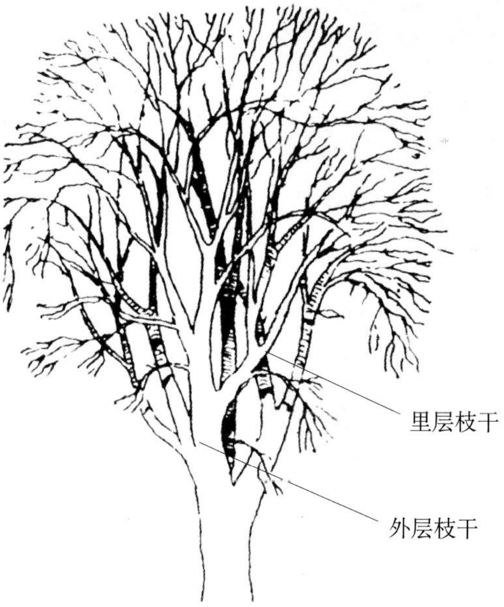

“树分四枝”

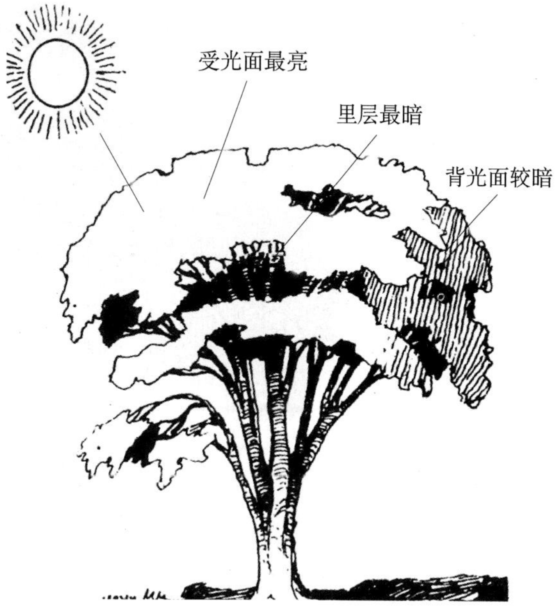

“阴阳向背”

二、画树的基本作画步骤 （必修）了解

1. 画树作画步骤（一）

光线从右侧照来的树干细部画法

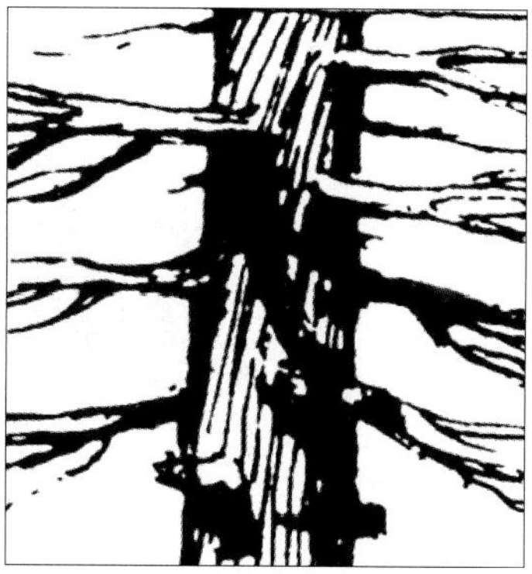

光线从左侧照来的树干细部画法

彭一刚

2. 画树作画步骤（二）

①先画出树干、树枝和树冠的大体姿态。树冠注意分组及前后的遮盖关系。

②画出树枝的前后关系及树冠边缘的形状；画出树冠的暗部，表现出树冠的体积。

③对树冠的叶片、树干的纹理进一步深入刻画；对处于前面的树冠团块明暗交界线的树叶，可刻画出叶子的形状，暗部概括处理，生动地表现出树种和树的体积。

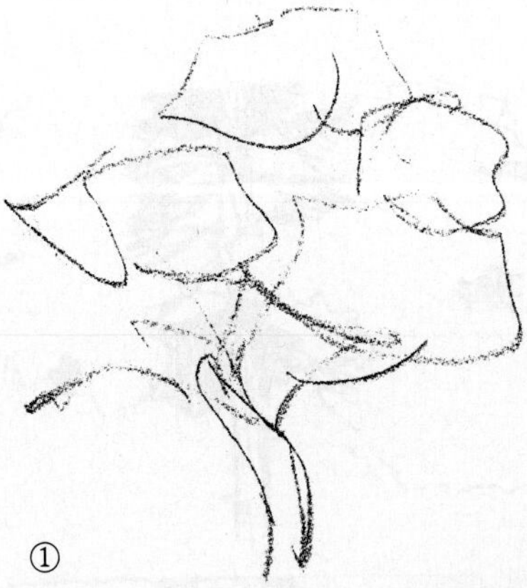

①

②

③

张家素

三、教学范画

1.不同乔木的表现

写生作品（水墨） 王中年

写生作品（钢笔） 宫晓滨

写生作品（铅笔）

欧内斯特·W·沃特森（美国）

写生作品（铅笔）

钟训正

写生作品（铅笔）　　希施金（俄国）

钟训正

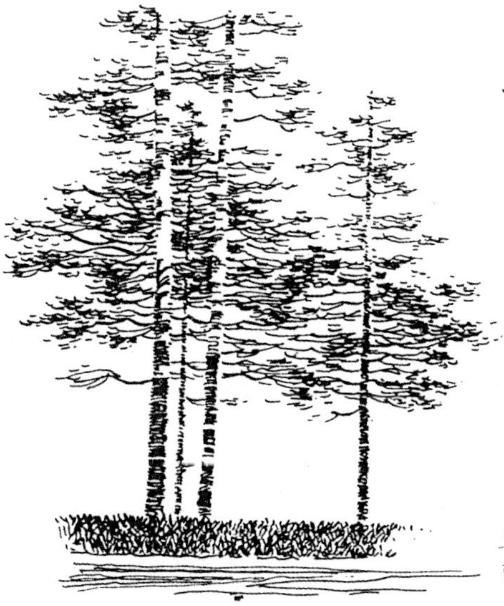

钟训正

钟训正

钟训正

钟训正

李　鸣

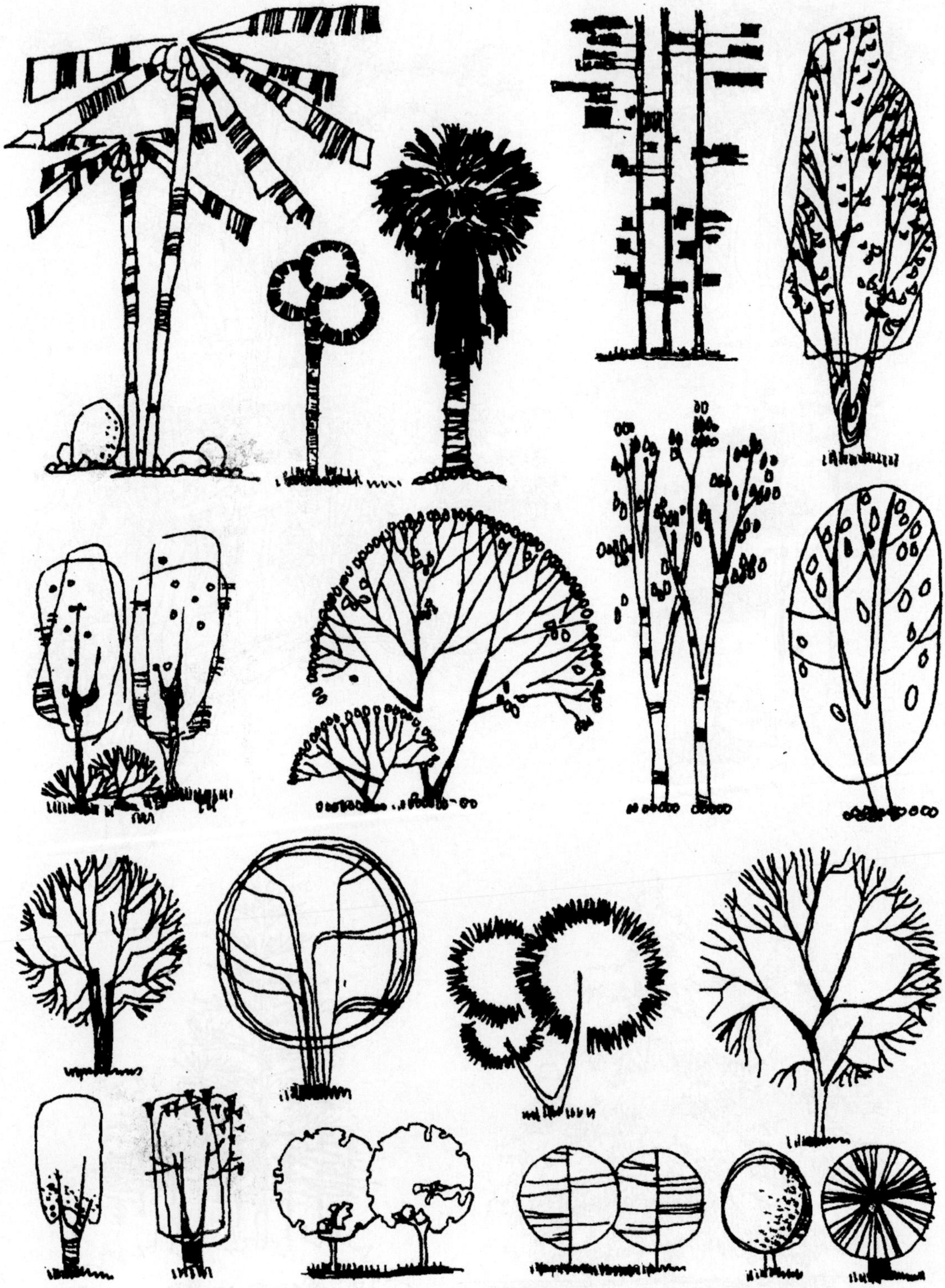

2.不同灌木的表现

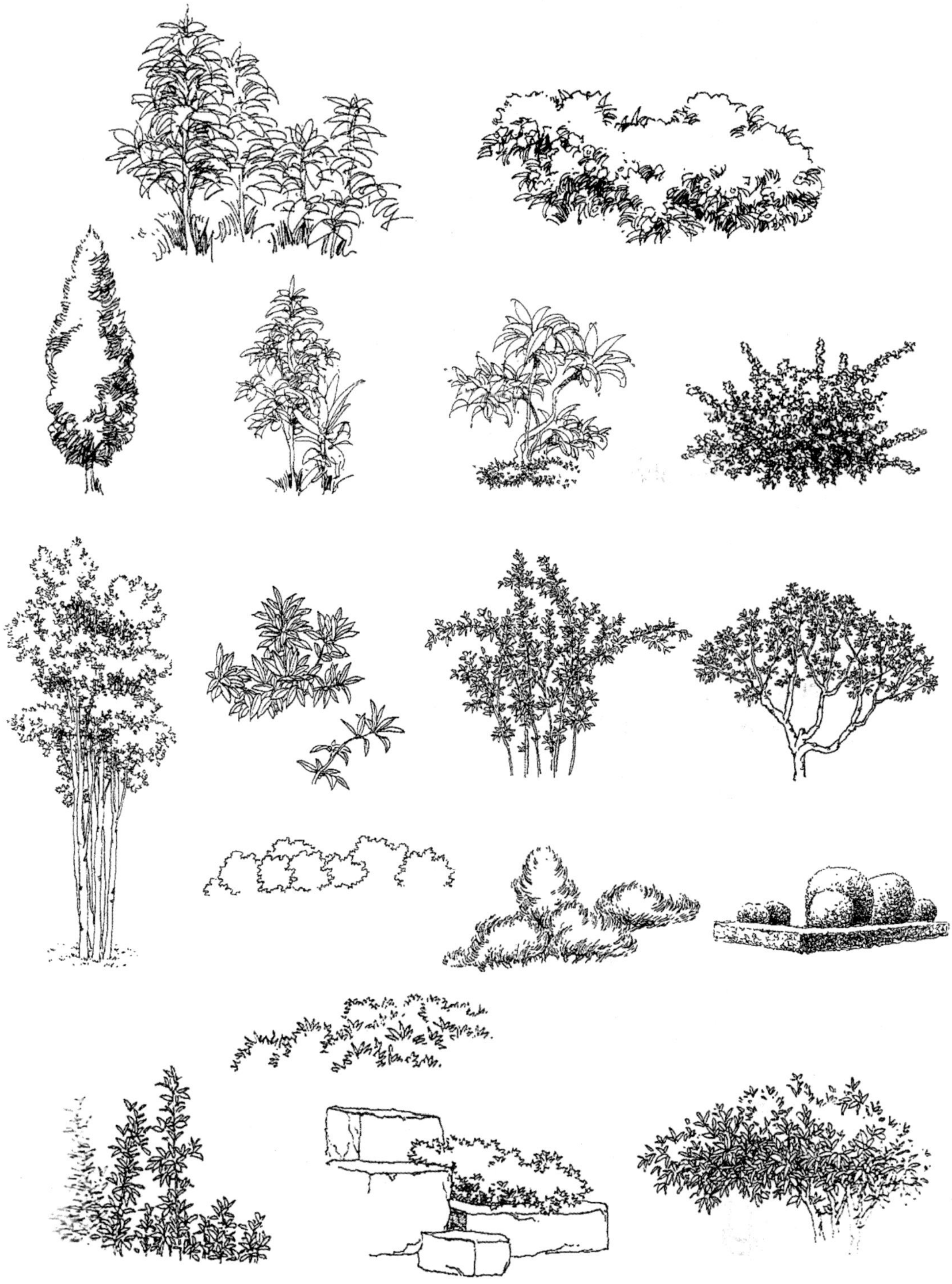

李　鸣

3. 不同草本植物的表现

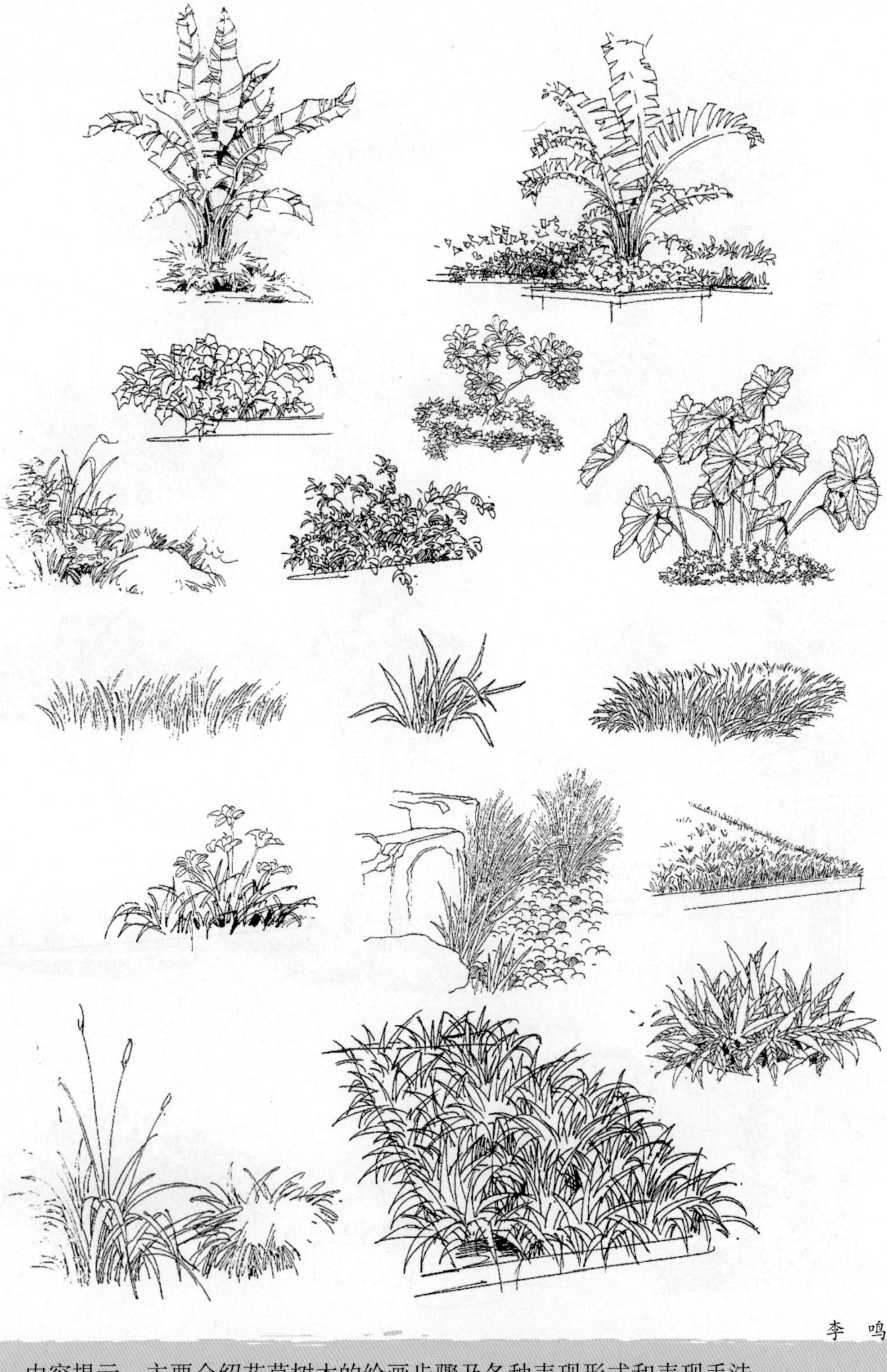

李　鸣

内容提示：主要介绍花草树木的绘画步骤及各种表现形式和表现手法。

第二节　山石的画法

山石是人类欣赏自然美的重要对象，也是园林设计中重要的表现手段。山石因其所处地域、形成的石质的不同，自身的造型也不相同，从而也就形成了各式各样的表现方法。

一、山石的结构形态分析 （必修）了解

画山石要抓住“石分三面”这一规律。所谓“石分三面”，就是在画山石时，要表现出山石的体积感。

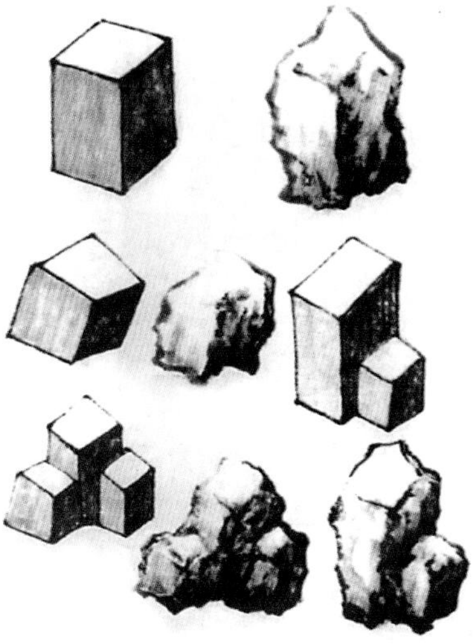

孙祖白

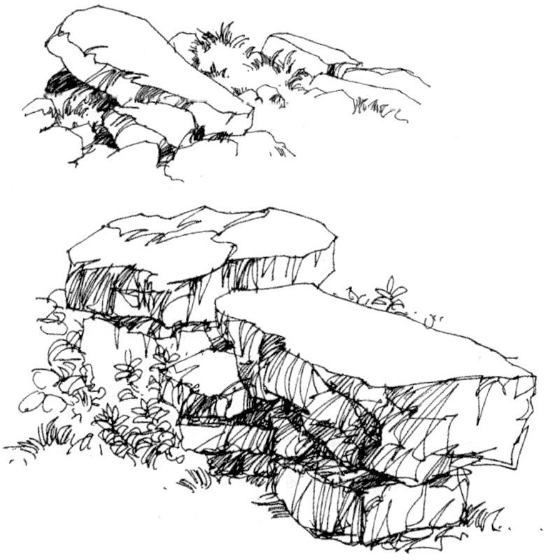

夏克梁

二、山石的画法 （必修）了解

1.传统中国画中的各种皴法画山石

披麻皴法

荷叶皴法

孙祖白

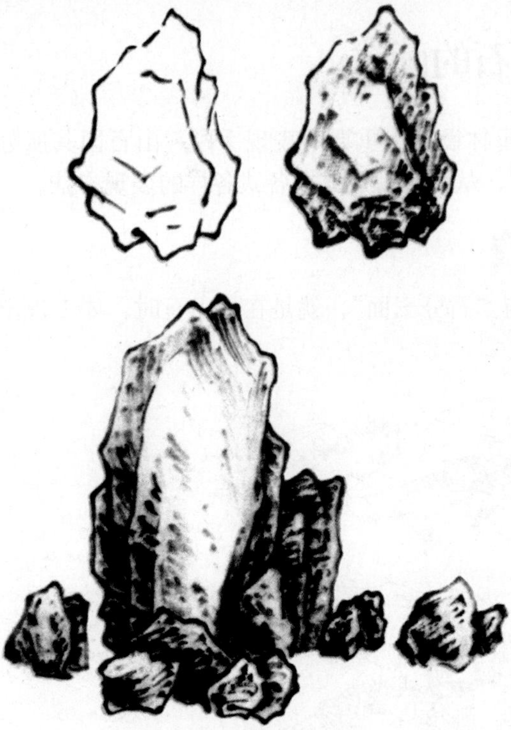

小斧劈皴法

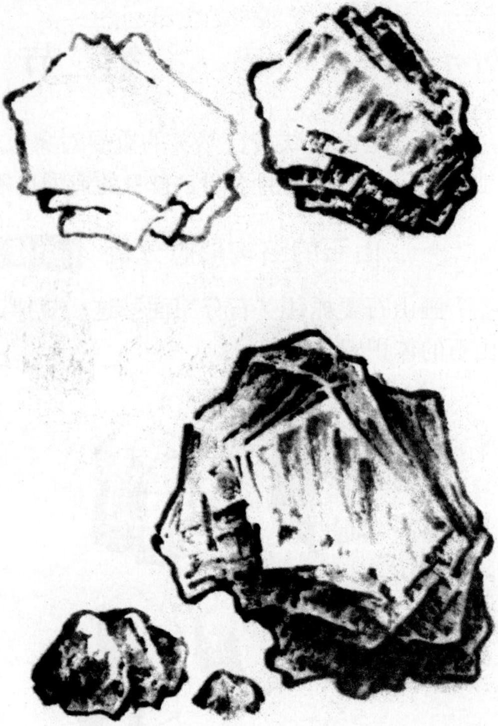

大斧劈皴法

太湖石

米点皴法

孙祖白

2. 手绘表现技法中的山石画法 （必修）掌握

李　鸣

三、教学范画

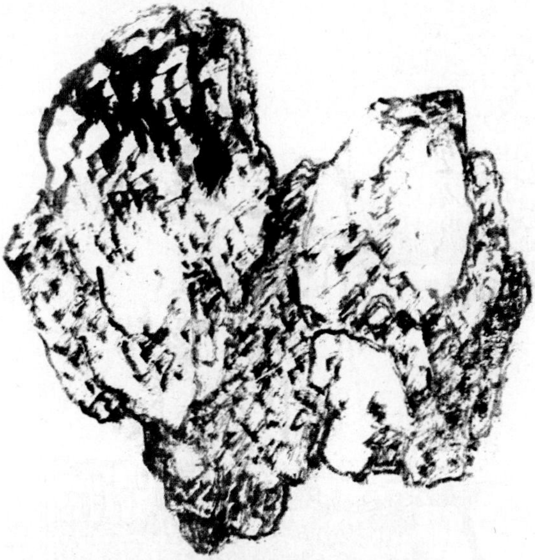

孙奇峰

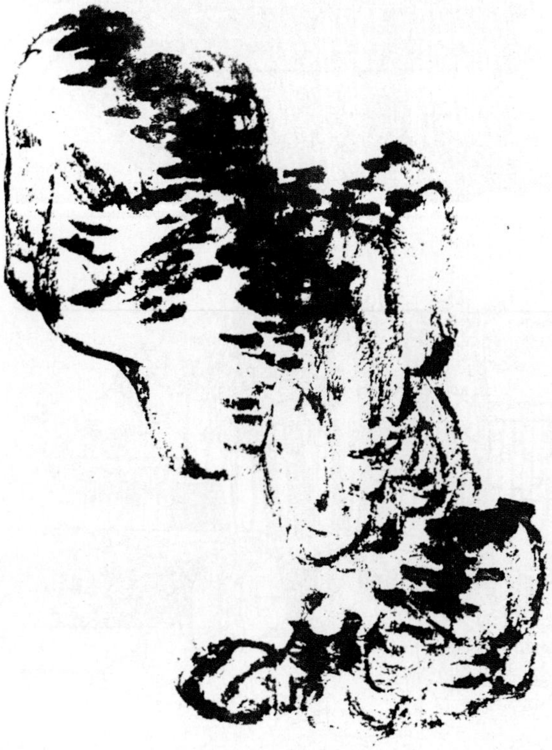

王 镛

刘 浩

希施金（俄国）

内容提示：本节主要介绍山石的各种表现形式和表现手法。

第三节　水及其倒影的画法

俗话说“有山皆是园，无水不成景”，水在园林中具有很重要的地位。水的形态多种多样，或平缓跌宕，或喧闹，或静谧。景物在水中产生的倒影色彩斑斓，具有很强的观赏性。在园林美术绘画中，我们可以简单地把水分成两类：静态水和动态水。

一、静态水的各种画法（必修）掌握

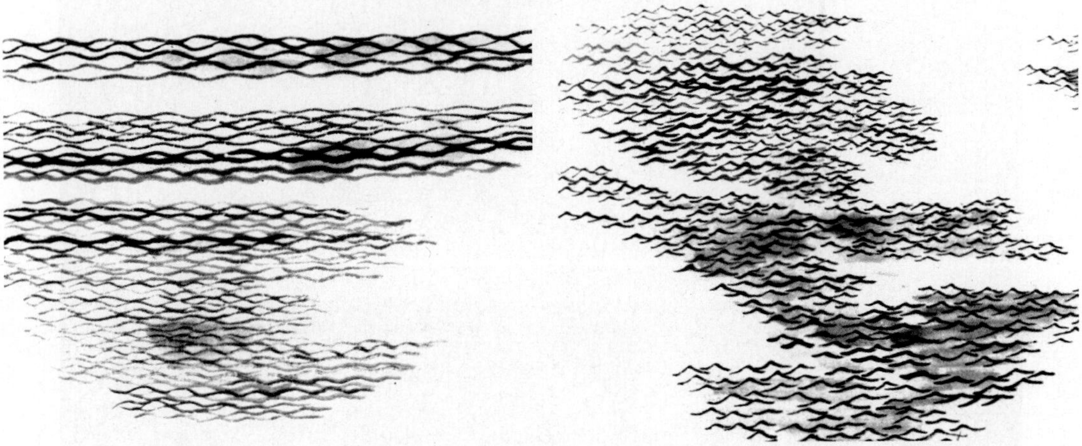

陆严少

夏兰西　王乃云

夏兰西 王乃云

周君言

夏兰西 王乃云

二、动态水的各种画法（必修）掌握

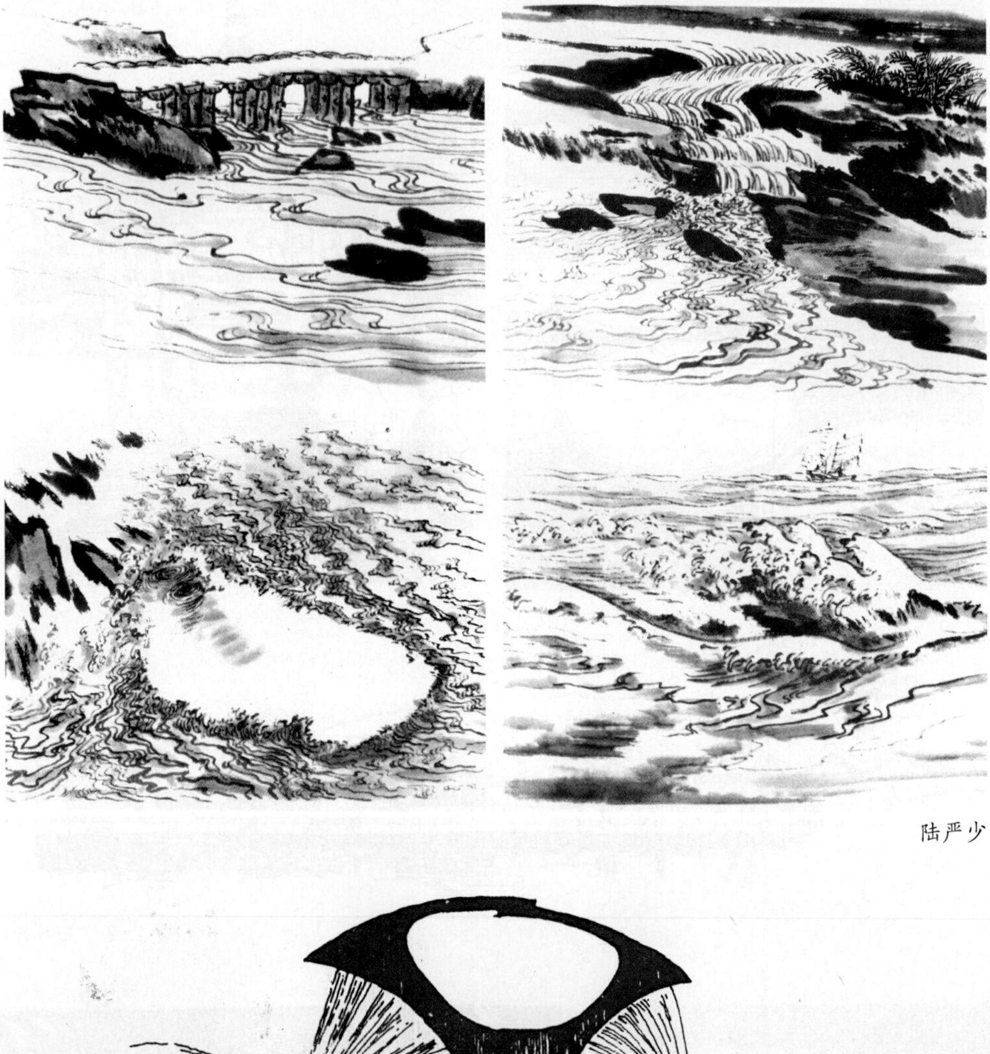

陆严少

夏兰西　王乃云

夏兰西　王乃云

周君言

夏兰西　王乃云

李　鸣

内容提示：本节主要介绍静态水和动态水的各种表现形式和表现手法。

第四节　园林建筑及小品的画法

在园林设计中，常常会遇到亭、台、楼阁等园林建筑和雕塑等园林小品。这些构筑物不仅有休闲观景功能，并且也是被观看的重要景观元素，能点缀出一处处富有诗情画意的美景。其手绘表现的难度也要大很多，刻画的时候要特别注意物体的透视、比例和结构的准确性。

一、园林建筑的表现 （必修）掌握

选自《中国园林建筑》

选自《中国园林建筑》

选自《中国园林建筑》

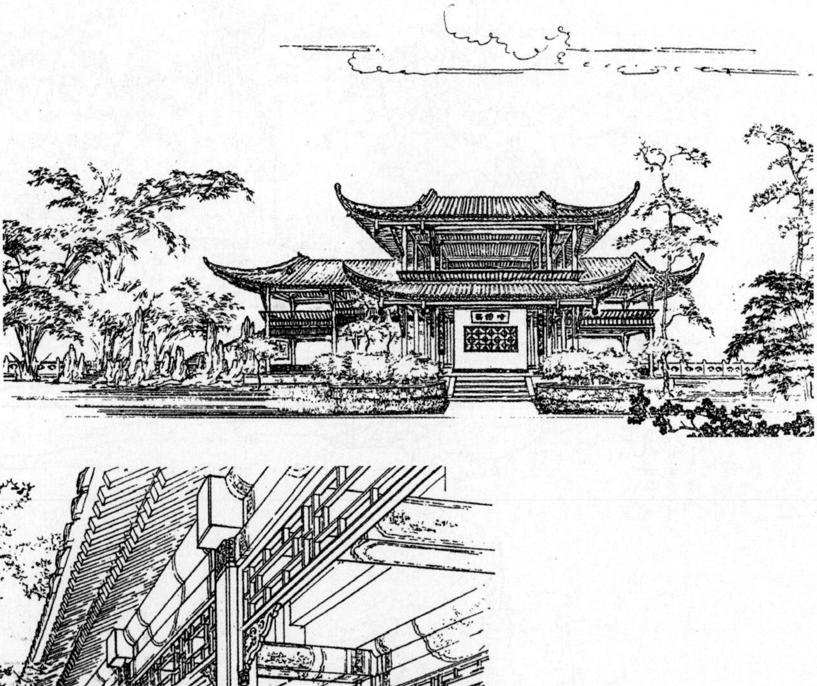

选自《中国园林建筑》

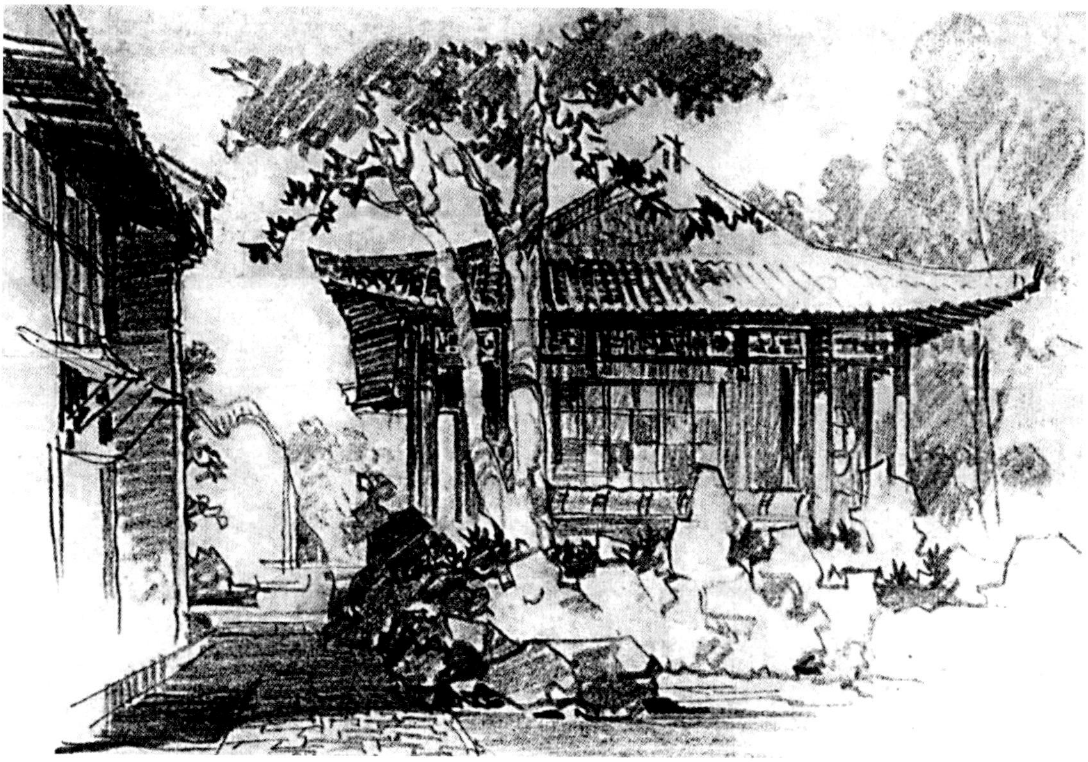

钟训正

吴义曲

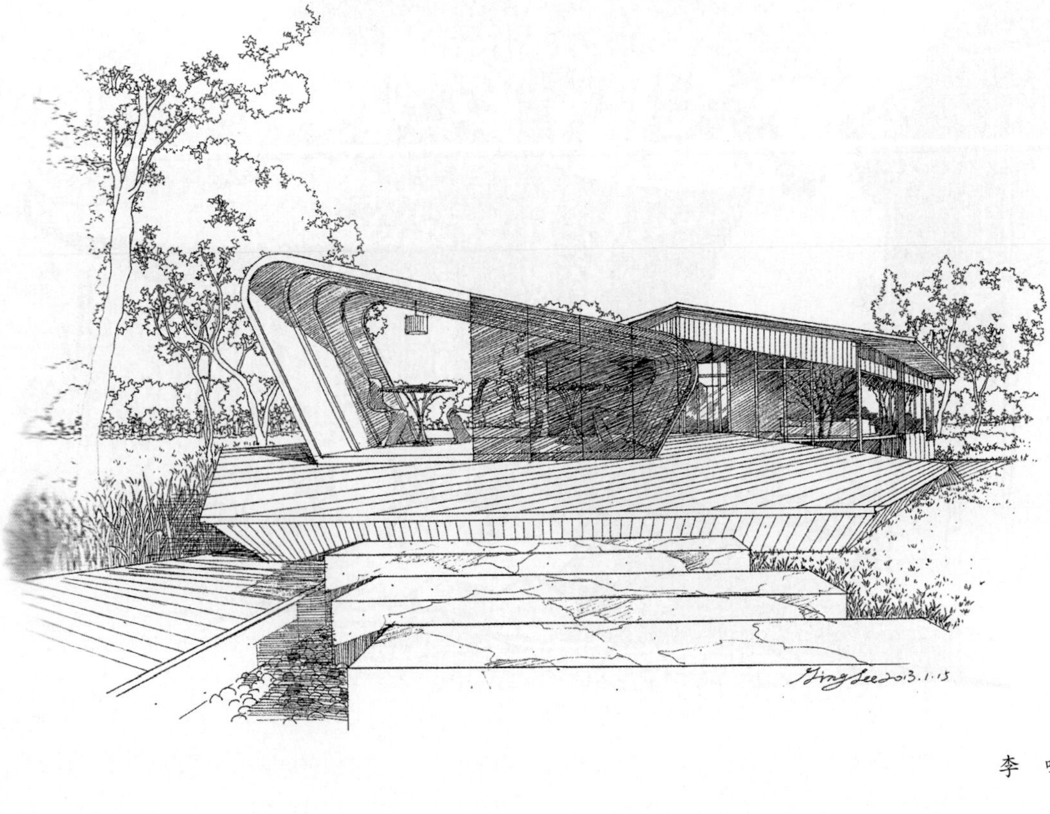

李 鸣

二、园林小品的表现 （必修）掌握

园林设计中的小品往往设计精妙，寓意深刻，其本身就是一件优美的艺术品。要想画好园林小品首先要注意透视问题；其次是角度的选择，应根据能体现小品造型特征来表达其体积关系；同时在表现时，还要注意小品本身的美感与周边环境的融合。

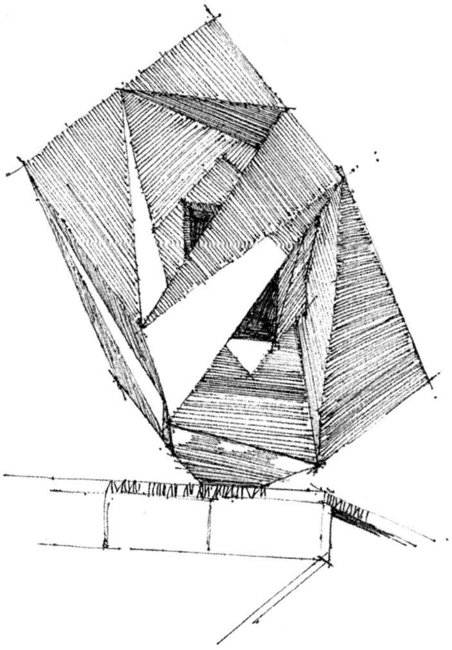

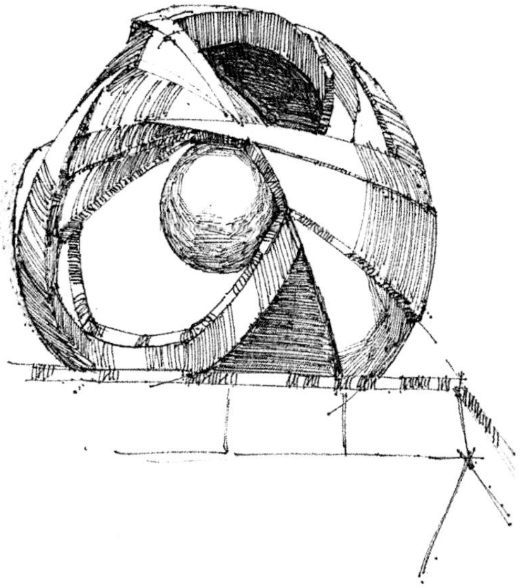

吴义曲

吴义曲

内容提示：本节主要介绍园林建筑及园林小品的各种表现形式和表现手法。

③着色时要由浅入深，先用浅绿色和蓝灰色画出中景的树木，再用浅绿色刻画出地面亮部草地的大面积色彩，最后刻画主体建筑，要注意区分出建筑的明暗关系和冷暖关系，注意整个画面主体色彩的把握。

③

④对画面的局部进行深入地刻画，包括建筑主体表面各种材料的固有色和环境色的关系以及质感。周围的各种配景要加强明暗的对比，增强体积关系。刻画建筑物玻璃时要注意质感和投影的表现，整体画面要保持色调的统一。

④

⑤在进一步加强细节刻画的同时，整个画面要保持色调的统一，提高画面的效果对比，还应对整个画面的色彩进行调整，使其能统一在有一定倾向的色调之中。

陈洪伟

三、教学范画

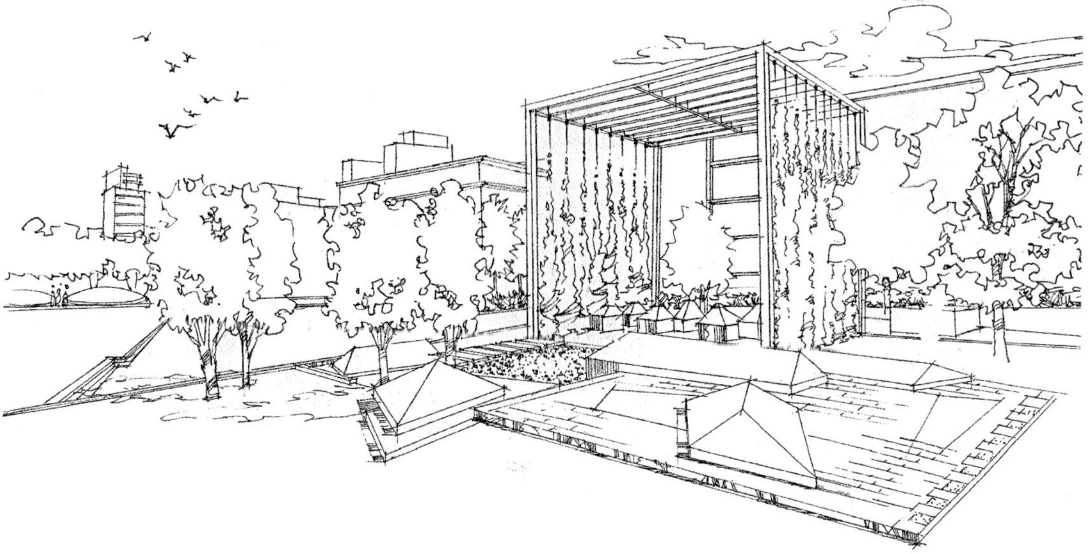

钢笔画稿

彩铅效果图完成稿

选自《钢笔淡彩风景手绘技法》 吴义曲　编著

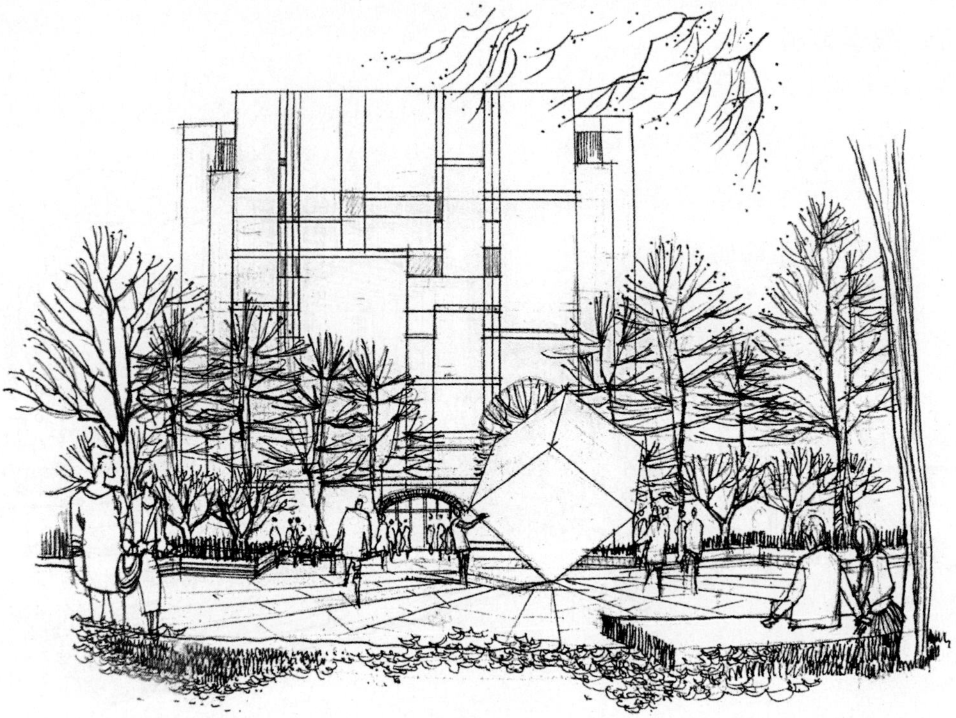

钢笔画稿

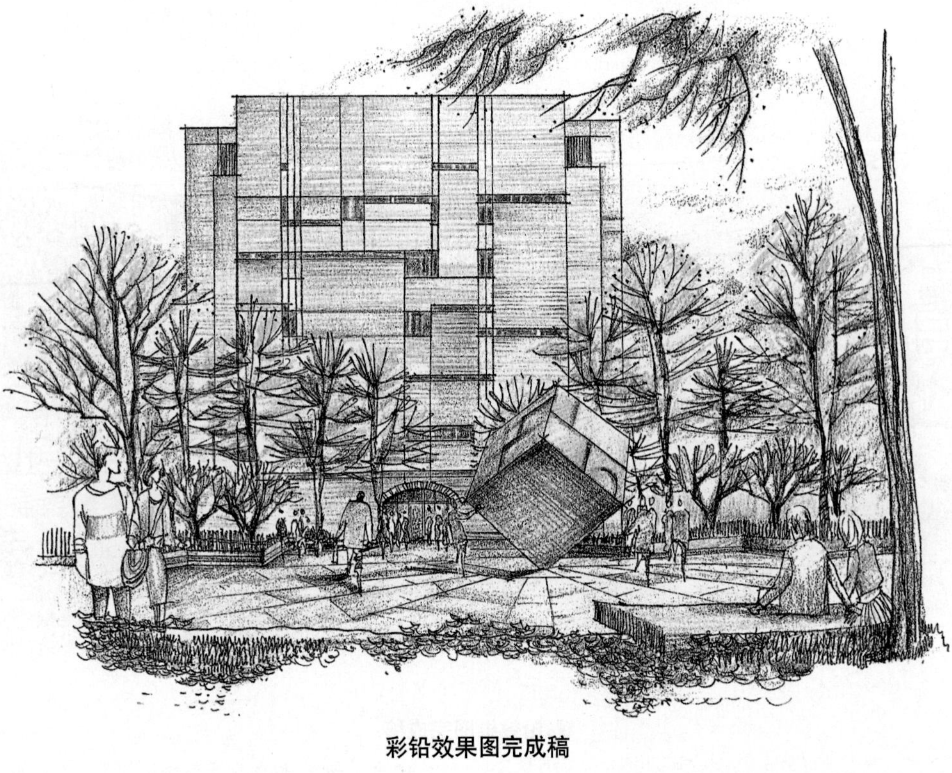

彩铅效果图完成稿

选自《钢笔淡彩风景手绘技法》 吴义曲 编著

实景照片

钢笔彩铅效果图完成稿

选自《风景写生》　兰超　编著

选自《环艺设计》 饶美庆　编著

选自《钢笔彩铅笔马克笔》 谢尘　编著

黄文峰

内容提示：本节主要介绍钢笔彩铅效果图作画步骤，及各种表现形式和表现手法。

第二节　钢笔淡彩表现技法

钢笔淡彩在传统意义上指的是在钢笔线条的底稿上，施以水彩。钢笔淡彩表现技法关键在于用水、用色及用笔。水彩技法特点是：简洁、流畅、透气、轻松、痛快、明亮、润泽、活泼。绘画时一定要避免堆砌、烦琐、板滞。

一、绘制钢笔淡彩效果图的常用材料与工具 （必修）了解

1. 笔　水彩画笔种类很多，从材质上分有：羊毫、狼毫、貂毫、狼羊兼毫和尼龙；从形状上分有：圆型、扁型、尖型、扇型，每种笔还有大小号之分。不同种类的笔有不同的特点和用处。

2. 纸　绘制水彩效果图主要选择水彩画纸。水彩画纸从纸面纹理分有：粗纹、细纹、布纹、线纹等。一般来说，选用时注意质地洁白、硬度适中，着色后显色正常为好。纸质太松、太薄的水彩纸不要选用。

3. 颜料　水彩颜料常见有锡管装软膏状和固体粉饼状两种，质量好的颜料色彩强度突出，抗晒能力强，透明度高。学习者可根据自身需要和习惯选择。

二、钢笔淡彩效果图绘制方法步骤 （必修）了解

①先用铅笔将景物结构画出，注意建筑的比例和透视。

实景照片

①

②用钢笔画出景物的素描结构，拉开画面的黑白层次。

③概括地调和出景物基本色，用与景物造型相宜笔触涂出，注意水分的控制。

④在暗面添加一些深颜色，使画面效果更强烈。

选自《风景写生》兰超 编著

三、教学范画

钢笔画稿

钢笔淡彩效果图完成稿

高　飞

钢笔画稿

钢笔淡彩效果图完成稿

高文漪

实景照片

笔淡彩效果图完成稿

选自《风景写生》 兰超 编著

实景照片

钢笔淡彩效果图完成稿

选自《园林景观设计手绘表达教学对话》

李鸣 柏影 编著

谢 尘

吴良镛

选自《园林景观设计手绘表达教学对话》 李鸣 柏影 编著

内容提示：本节主要介绍钢笔淡彩效果图的作画步骤，及各种表现形式和表现手法。

第三节　钢笔马克笔表现技法

马克笔（又称为麦克笔）色泽剔透而丰富，着色简便、成图迅速、笔触清晰、风格豪放、表现力极强。随着现代设计的发展，对时间和质量的要求越来越高，而马克笔的特点则适宜这种要求，因此，被广大设计师所喜爱。

一、绘制钢笔马克笔效果图的常用材料与工具（必修）了解

1. 笔　马克笔是一种挥发性强的彩色笔，分油性和水性两种。油性马克笔颜色柔和、快干、耐水，而且耐光性相当好，颜色多次叠加不会伤纸；水性马克笔颜色亮丽有透明感，用蘸水的笔在上面涂抹后，会出现类似水彩的效果，但多次叠加颜色后会变灰且容易损伤纸面。

使用马克笔，用笔不必太拘谨，要注意用笔的统一，其笔触排列很关键。马克笔上色后不易修改，故一般先浅后深。水性马克笔修改时可用毛笔蘸清水洗淡，但很难彻底洗净。油性马克笔则可用毛笔蘸甲苯洗去或洗淡。

2. 纸　马克笔用纸十分讲究，纸的选择相当重要。一般来说，画草图练习或设计思考图可以选用工程复印纸，如画表现效果图可选用马克笔专用纸。

二、马克笔效果图绘制方法步骤（必修）掌握

①用钢笔构图起稿，线稿勾勒出各物体结构的形体关系与材质特征。

①

②从亮部开始刻画中景的植物，不必刻画的很深入，铺出大致的色调即可。

②

③刻画主体物的材质变化，注意色彩的协调关系。

③

④刻画前景收边的植物和远景的天空，逐步拉开空间关系。

④

⑤对各物体进行深入调整刻画，丰富色彩层次和空间关系。

⑤

柏　影

三、教学范画

钢笔画稿

马克笔效果图完成稿

选自《钢笔淡彩风景手绘技法》 吴义曲 编著

钢笔画稿

马克笔效果图完成稿

史莹芳

柏 影

选自《钢笔淡彩风景手绘技法》 吴义曲 编著

毛守银

沙　沛

黄文峰

黄文峰

徐志伟

刘志伟

刘志伟

张　武

李克俊

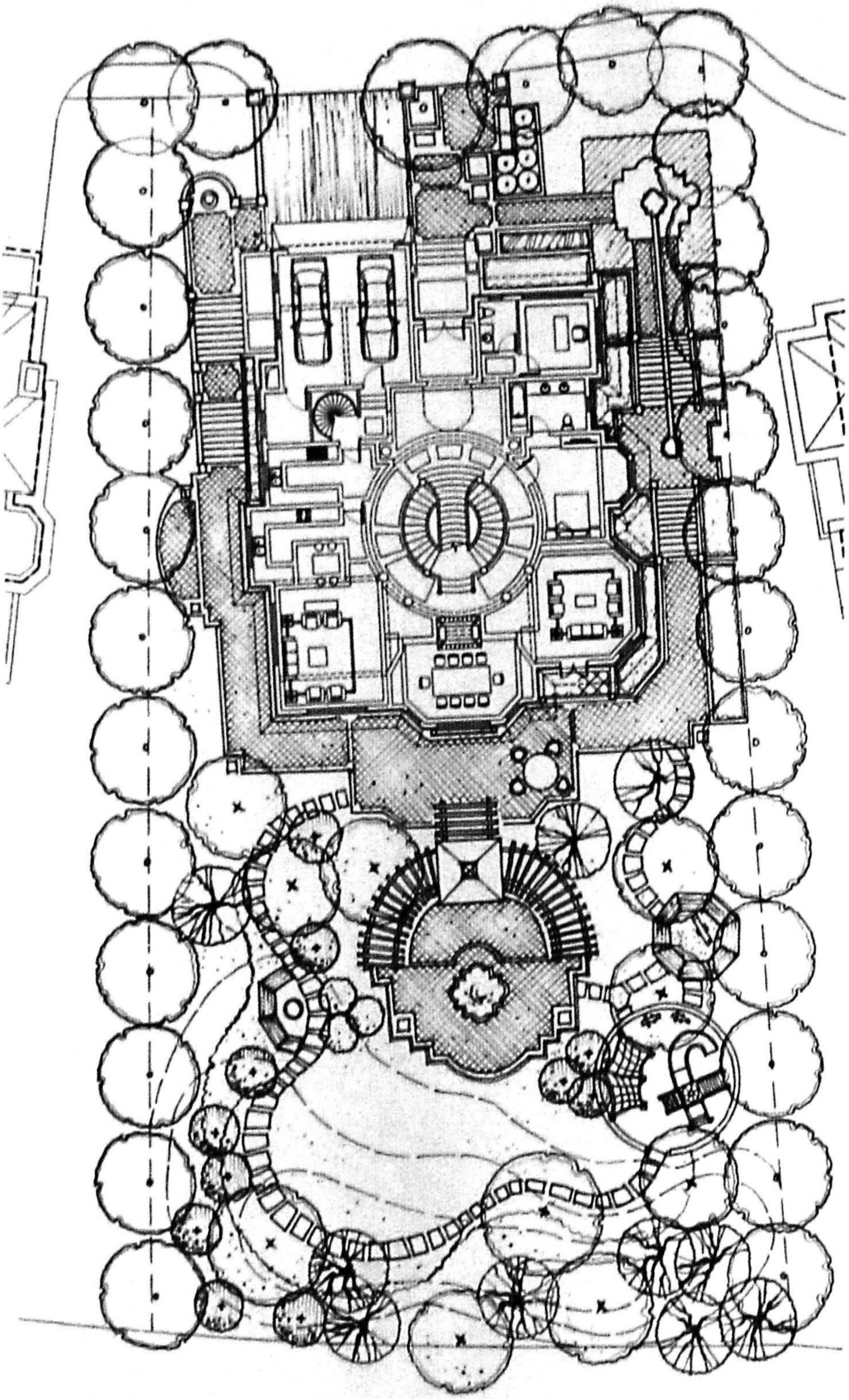

钢笔画稿

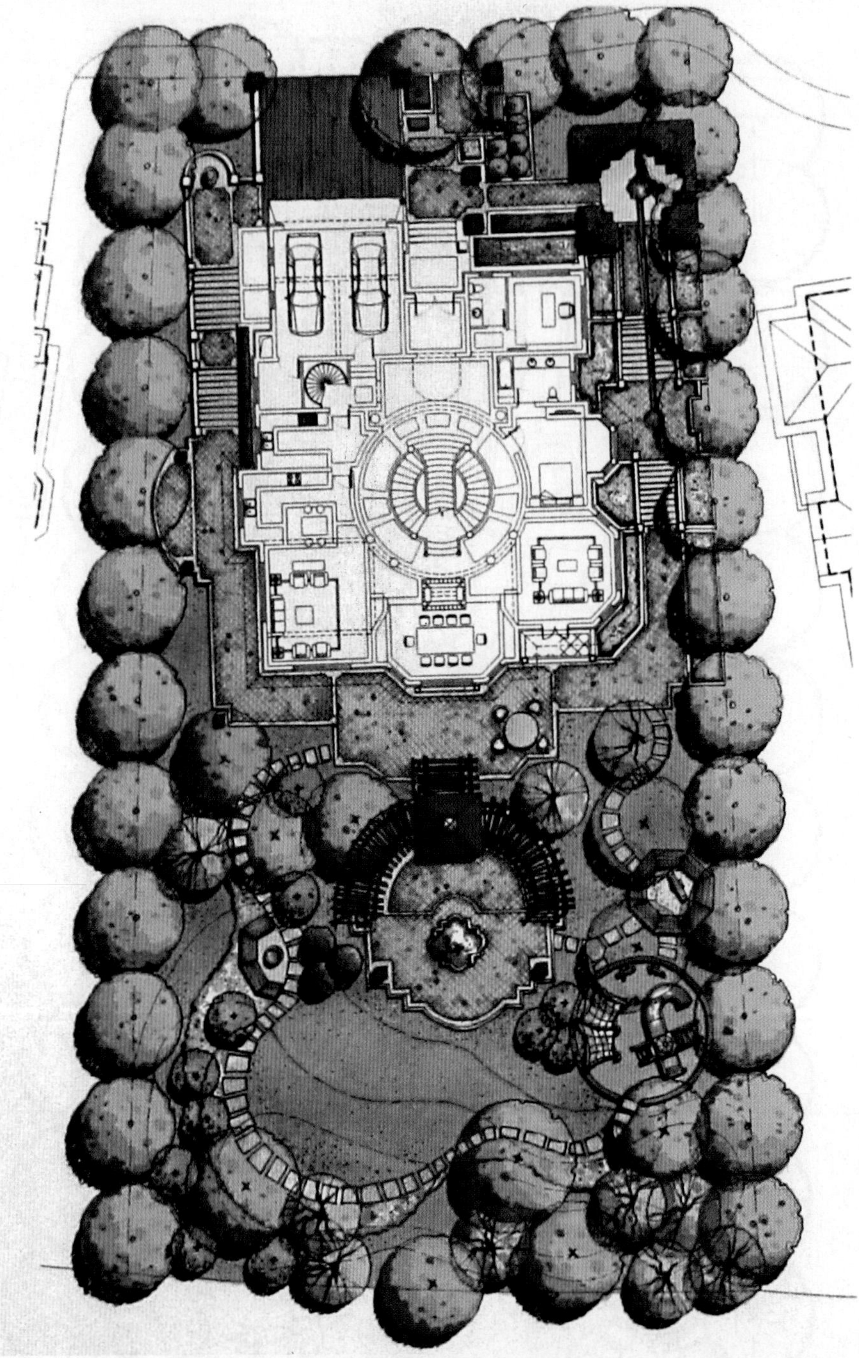

马克笔平面效果图完成稿

李克俊　史莹芳

内容提示：本节主要介绍钢笔马克笔效果图的作画步骤及各种表现形式和表现手法。

第七章

图案的基础知识

学习目标与学习建议：

必须掌握的是：连续纹样的组织形式；需要了解的是：图案的类别与造型、单独纹样的组织形式、图案的创意与形成、图案在园林中的应用。

建议围绕图案的设计创作进行技能训练。

图案是实用美术、装饰美术、建筑美术、工业美术方面关于形式、色彩、结构的预先设计，是在工艺、材料、用途、经济、美观条件的制约下制成图样、装饰纹样等方案的通称。狭义的图案指装饰纹样，广义的图案指实用与美观相结合的设计方案。

第一节　图案的类别与造型 （必修）了解

一、图案的类别

图案可分为平面图案与立体图案两类，平面图案如花布、黑板报、平面广告等。立体图案如台灯、电话机、汽车等，而展览会、庭院布置、园林等是即包括平面，又包括立体，故称其为综合性图案。

平面图案

立体图案

二、图案的造型 （必修）了解

图案的造型可分为具象图案和抽象图案两种。具象图案如自然形态中的人、山、花、鸟等，大致宏观世界，小至微观世界的物体图案化造型。抽象图案又称为纯粹形态造型及不代表任何物象的几何形的图案造型。

具象平面图案

具象立体图案

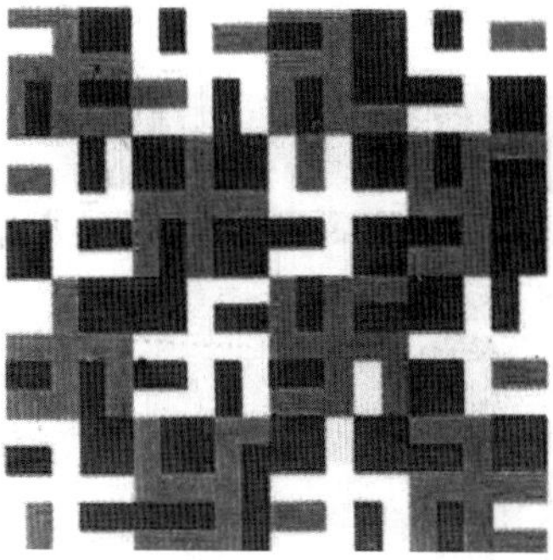

抽象平面图案

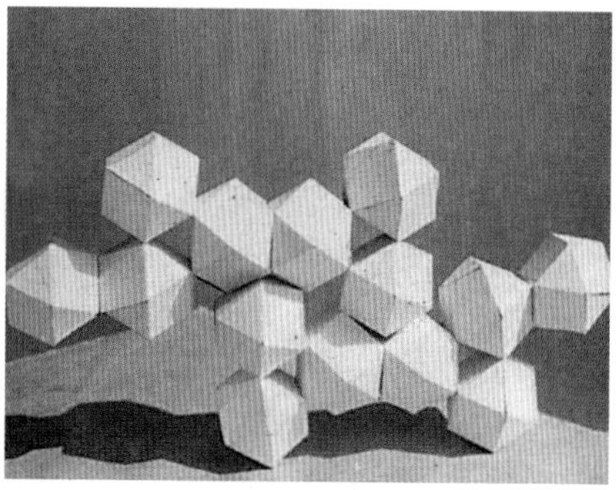

抽象立体图案

内容提示：本节主要介绍图案的类别及图案的不同造型。

第二节　图案纹样的组织形式

图案纹样的组织形式可分为单独纹样和连续纹样两大类

一、单独纹样 （必修）了解

单独纹样指具有相对独立性，并能单独用于装饰的纹样，可分为：自由纹样、适合纹样、填充纹样和角隅纹样等。

自由纹样：可自由处理外形的独立纹样。

适合纹样：在一定的形（如方、圆、三角、多角及严整的自然物、器物）内配置纹样，并和外轮廓相吻。

填充纹样：有一定的外轮廓，但纹样又不受外形的严格限制，较适合纹样更为活泼和自由。

角隅纹样：在带有角形图案（如几何形或严整的自然物、器物）的角隅部分的装饰纹样，大多与角的形相适合，又称为角适合纹样。

自由纹样

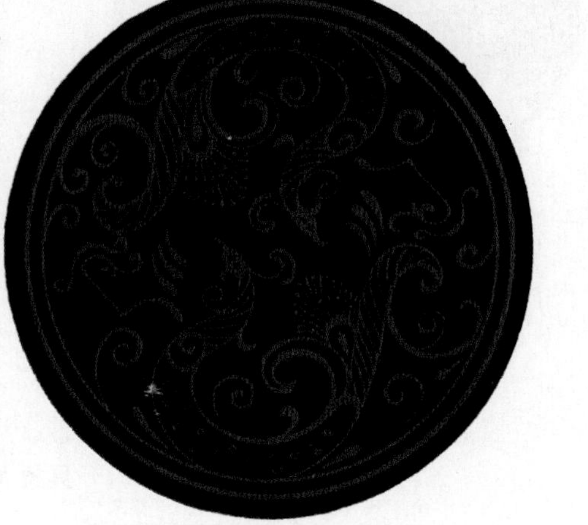

适合纹样

填充纹样

角隅纹样

二、连续纹样 （必修）掌握

连续纹样是相对单独纹样而言的，它以单独纹样作连续排列，成为无限反复的图案。有二方连续纹样和四方连续纹样两种。

1. 二方连续纹样　以一个或几个基本纹样，向左右或上下两个方向重复排列，形成带状的连续纹样为二方连续纹样。

基本骨式：散点式、接圆式、波线式、折线式、综合式。

散点式

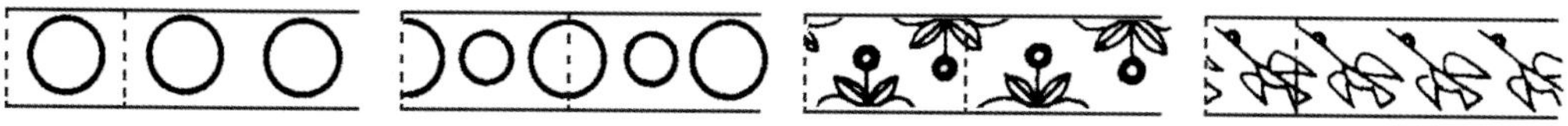

接圆式

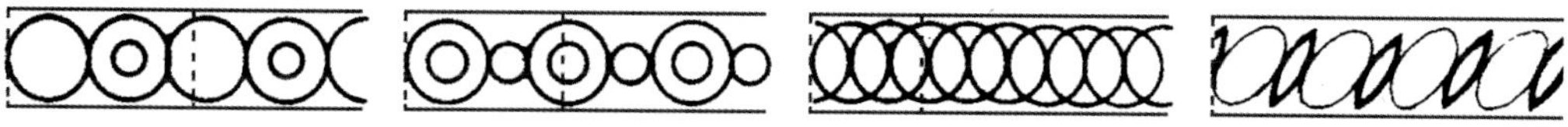

波线式

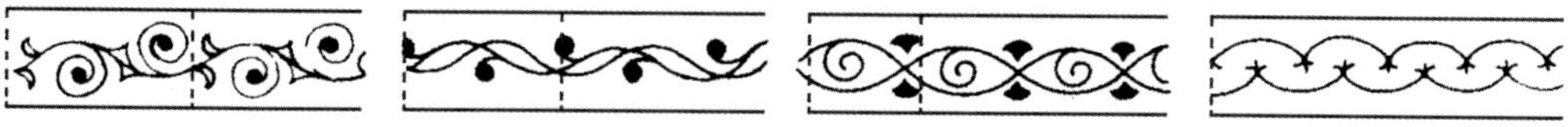

折线式

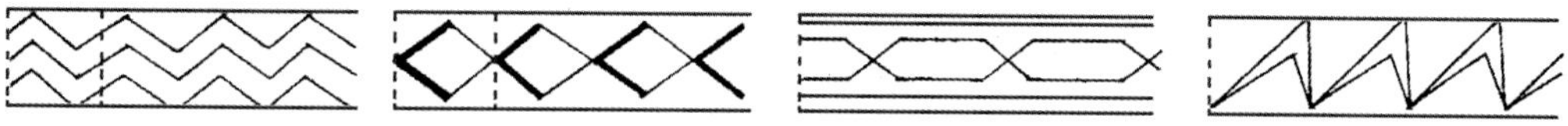

综合式

纹样设计范例

2. 四方连续纹样　以一个单位纹样同时向上、下、左、右四个方向重复排列，并无限扩展的纹样为四方连续纹样。

基本排列骨式：

（1）散点式

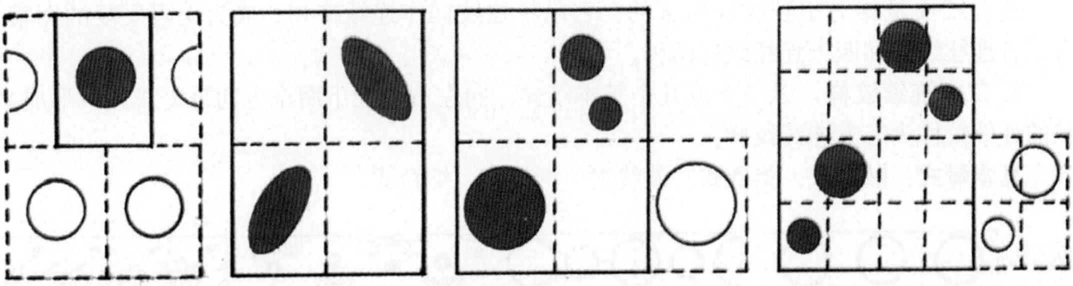

（2）连缀形排列

（3）几何排列

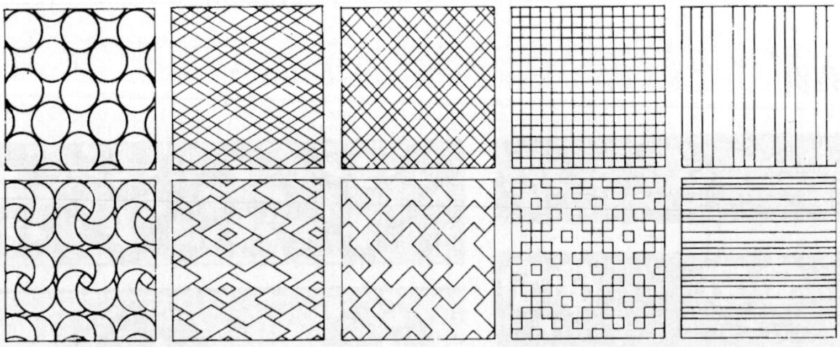

（4）重叠排列

（5）巧合排列

纹样设计范例

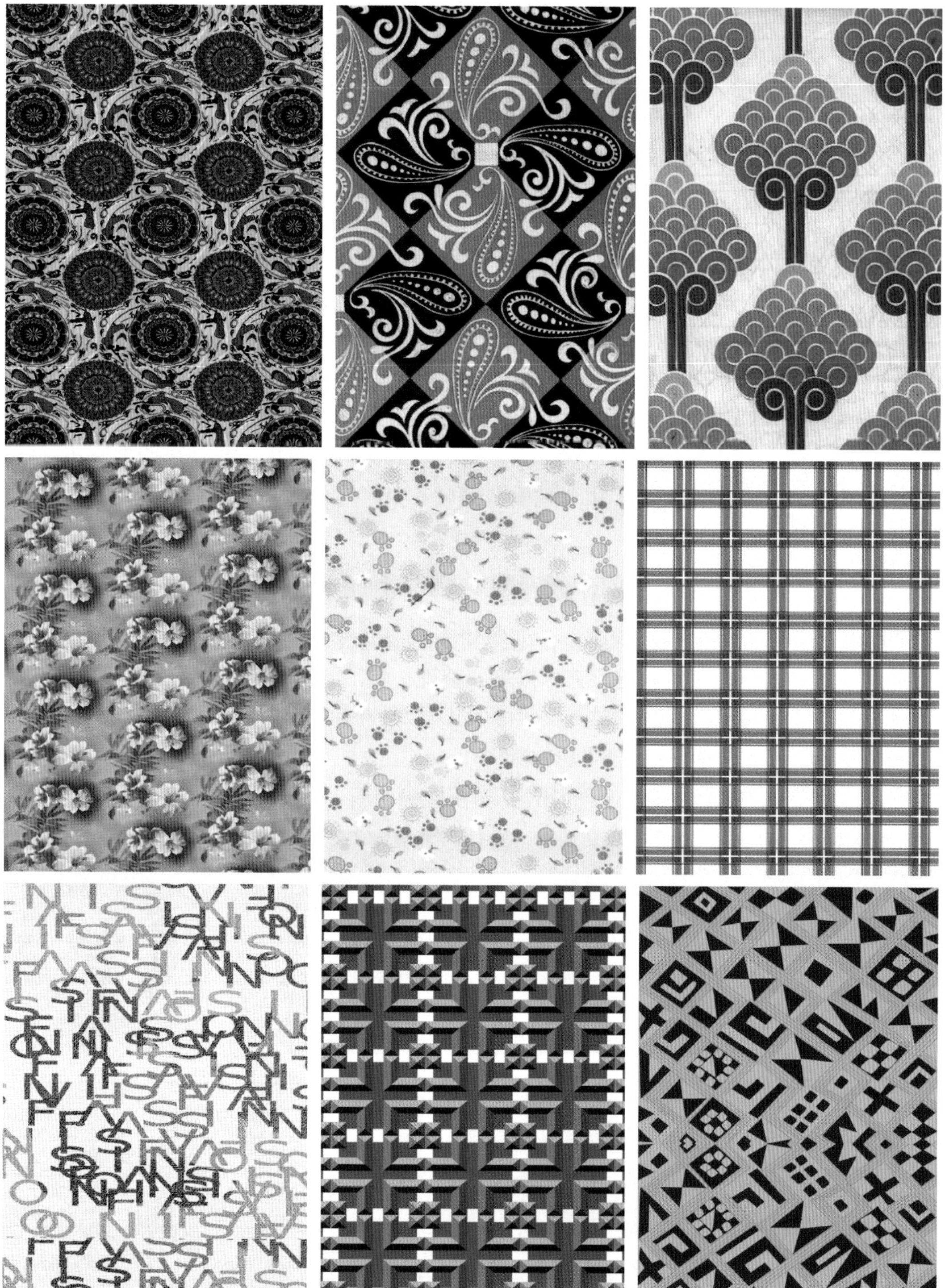

内容提示：本节主要介绍图案单独纹样和连续纹样的组织形式。

第三节　图案的创意与形成

一、图案的创意 （必修）了解

图案设计既要经济实用，又要美观，要达到两者的统一，首先要提高我们的艺术水平和审美修养，尤其对形式美的理解和认识，这样才能使设计的图案更加完美。

一个优秀的图案是创意与造型完美的结合，给人一种浑然天成的感觉。它的主题寓意恰如其分地表达内容，而造型又和谐完美，使人观之悦目、思之赏心。如铁路徽标、奔驰汽车标志，等等。

创意，即主题、立意。亦即如何恰如其分地展示内容、表示内容。

造型，即如何以最美观的形式、最简洁的艺术语言表现内容、装饰内容。

大千世界，自然景物，蕴藏着各式各样的美。人们的内心世界亦蕴含着各式各样美的因子。这就需要人们去发现、去整理、去完善、去表现。这里边，有具象的形式美，也有抽象的形式美。从古至今，人类在不断地创造，又不断地发现，一代一代发现和创造美的图案可谓无穷尽矣。

二、图案的造型形成 （必修）掌握

图案化，是相对写实性绘画而言，是纯装饰的造型。它是把生活中的自然形象，按照美的法则，突破自然的束缚，进行艺术提炼、整理、加工，使其更形象、更生动、更理想、更富于装饰性。它的主要表现手段是变化。变化有两种倾向，即具象与抽象、写实与写意。离写实的距离越远，越抽象，写意的成分越多。

变化的方法很多，常见的有省略法、夸张法、添加法、适合法和几何法等。

省略法也称为简化法、减弱法，即删繁就简，省略掉细部及次要部分，保留必不可少的部分。

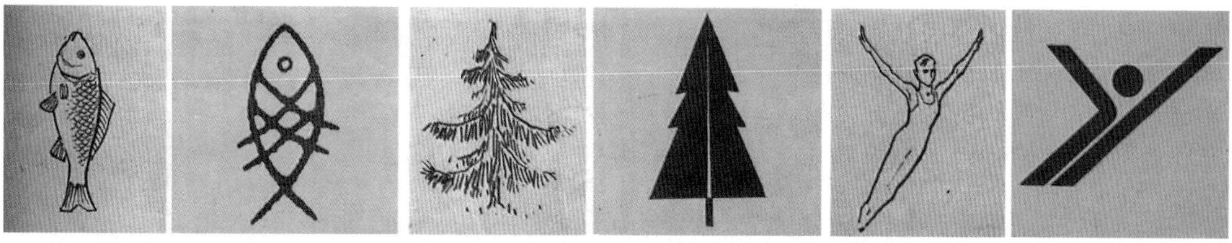

夸张法是对物象的外形、神态、习性进行适度的夸张、强调和突出。

直的更直

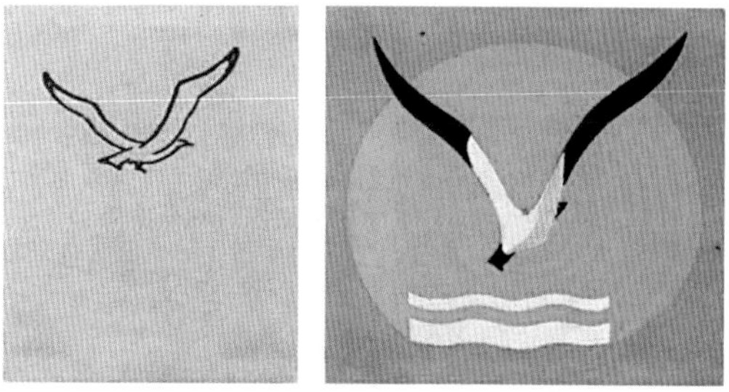

长的更长

大的更大

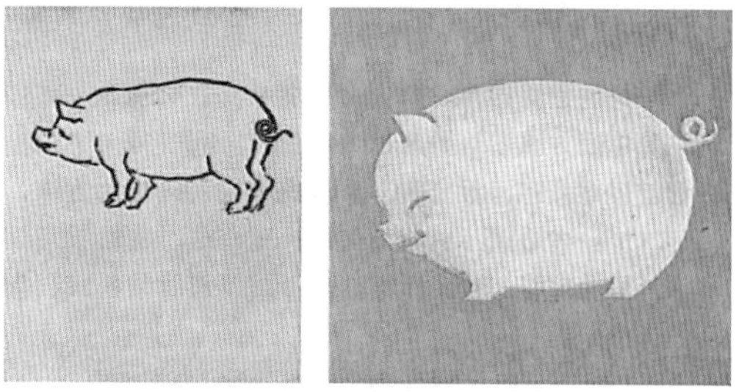

肥的更肥

雄壮的更雄壮

威武的更威武

天真的更天真

机灵的更机灵

适合法是一种因为某种工艺条件的限制或因某种需要，将自然形在某一几何形内变形的方法。

添加法是在纹样上附加一些装饰，使纹样更符合理想，更加丰富的一种方法。

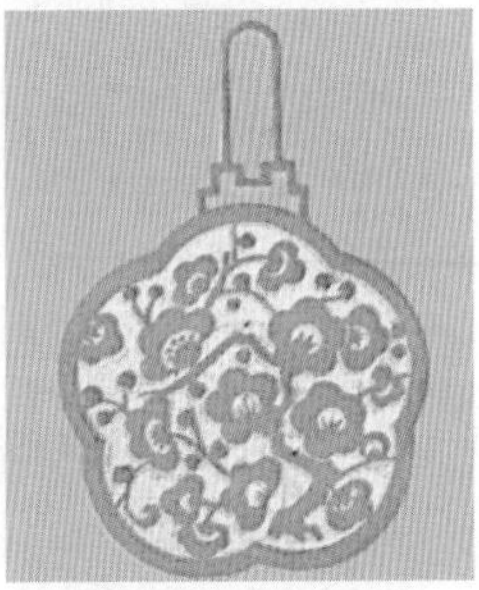

几何法就是以几何形进行造型的方法。

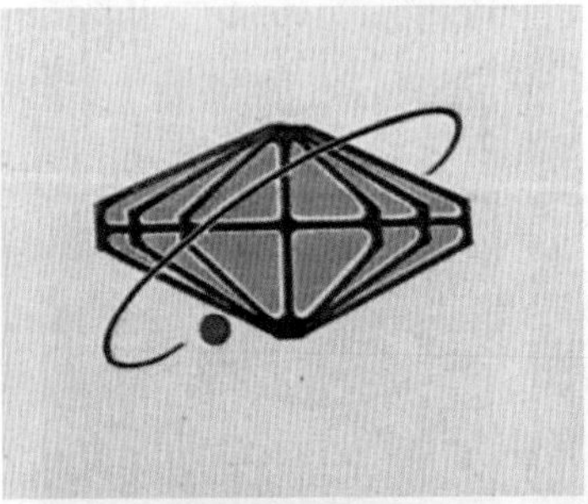
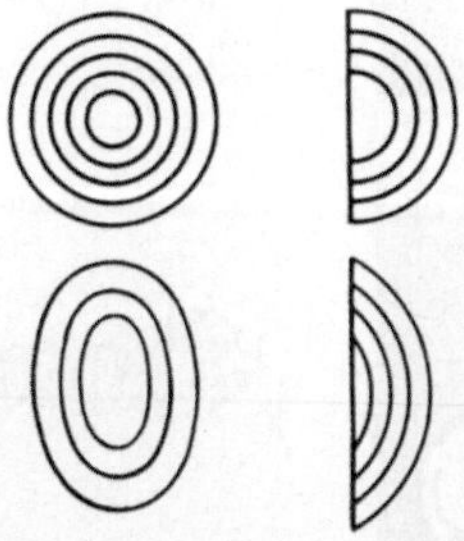

内容提示：本节主要介绍图案造型的变化方法。

第四节 图案在园林中的应用（必修）了解

图案在园林设计和施工中，被广泛地应用。古今中外，在园林的造型设计中，都离不开它的装饰性规律和造型基本法则。所以，学好图案的基础知识，对于园林工作者是十分重要的。

城市绿化

空窗的装饰造型

铺地装饰造型

街景装饰

意大利冈贝里庄园

绿地造型

荷兰赫特鲁宫苑

内容提示：本节主要介绍图案在园林中的应用形式。

第八章

插花及盆景的基础知识

学习目标与学习建议：

本章仅需要作相关知识了解即可。

第一节 插　　花

插花是花与艺术的结合，源于花而美于花，集众花卉这一自然之精华，经过再加工，以展示其最美的一面的艺术。

几千年来，由于地域、环境及文化背景的不同，在风格上形成了以中国、日本为代表的东方式插花和以传统欧洲为代表的西方式插花两大类。东方式插花追求思想内涵的表达，讲究花的意境；西方式插花讲究装饰性和群体美，但无论东方式还是西方式追求的目的都是一致的，那就是用花来表现美。在表达美的形式上，都是以花的色彩、花的造型为媒介，以点、线、面、体的造型及色彩搭配、组合的构图规律进行美的再创造。

插花根据其目的或用途可分为两大类：一是礼仪插花，二是艺术插花。

礼仪插花是用于各种社会活动的插花。目的是为了烘托和营造气氛，如热烈欢快、喜气满堂、温馨和谐、友爱和睦、沉静优雅、庄严肃穆等，借以表达人们的情感和心意。

艺术插花是用于装饰环境，如客厅、书房、会议室等，供人们欣赏，陶冶性情，提高品味，获得美的享受。

依据花的材质可分为鲜花插花、干花插花、人造花插花和混合插花四种。

一、插花的基本构图与造型 （必修）了解

简单通俗地讲，插花就是把好看的枝、叶、花、果从枝上剪下来，进行插作。既人人可操作，又有艺术上的高低之分。一件作品的高低，首先取决于作者艺术修养的品位高低，再就是对插花特有的艺术造型技术形式上的掌握，以及构图或称章法的运用上。

构图的形式可分为外形轮廓和主枝在容器中的位置、姿态两种。此外还有花束、花篮、花环，等等。

1. 外形轮廓

(1) 对称式　对称式构图形式和造型，是以作品中轴线的两侧为等形、等量的图形，也称为整齐式或规则式。其特点是内部结构比较紧密丰满，以表现群体花材的色彩美和整齐的图案美。给人一种热烈奔放、喜悦欢快或庄重严肃的气氛，具有一种雍容华贵、端庄大方的风采。

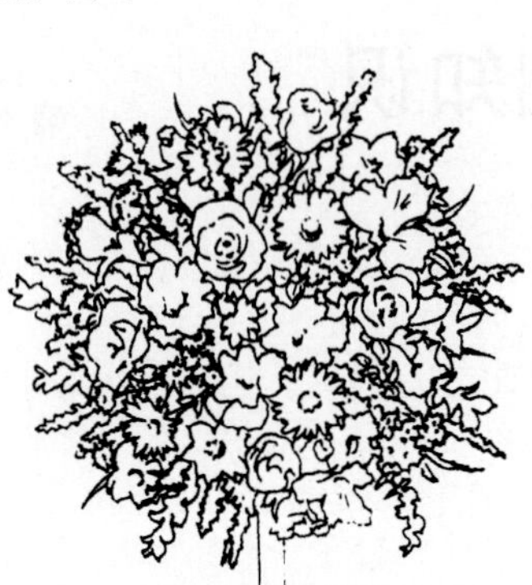

圆球形

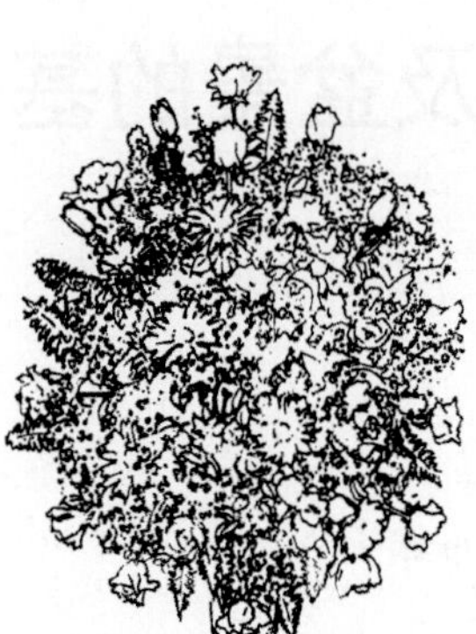

椭圆形

放射形

半球形

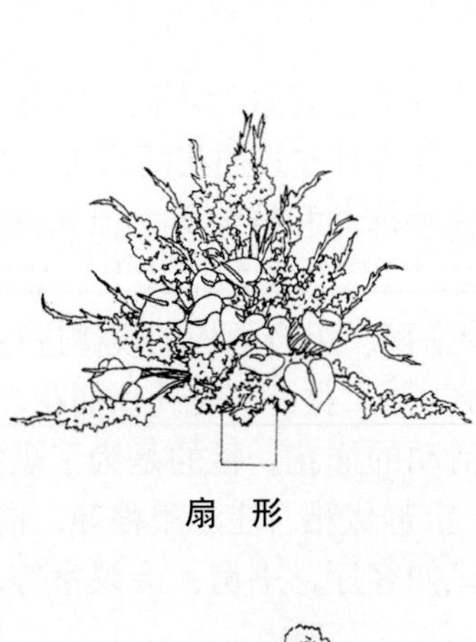

扇　形

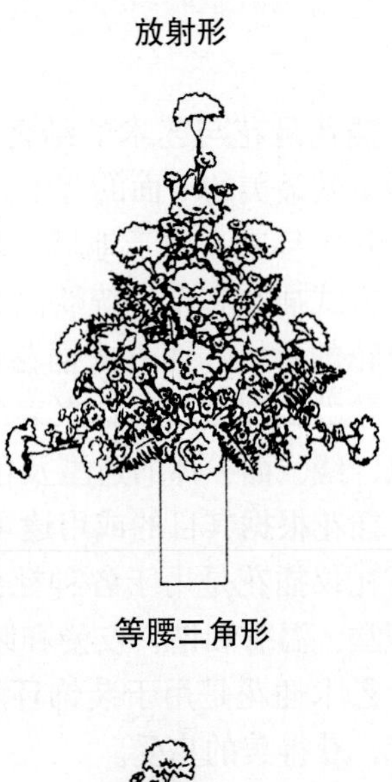

等腰三角形

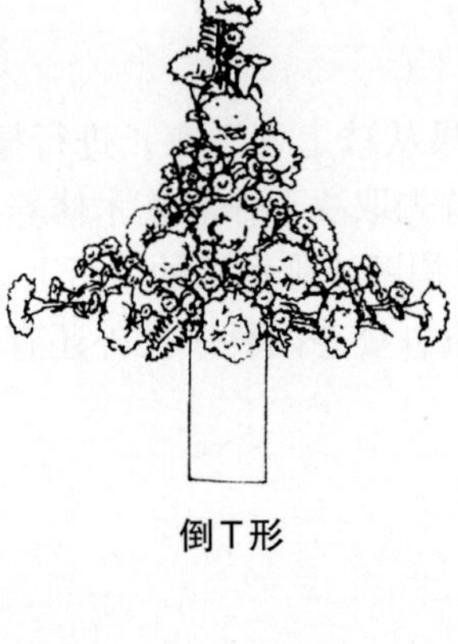

倒T形

塔　形

柱　形

（2）不对称式　不对称式构图和造型，顾名思义，即其外轮廓是不对称的。其特点是灵活多变，通过高低错落、仰府呼应、疏密相间，表现生动活泼、自然别致的动态美和韵律美。

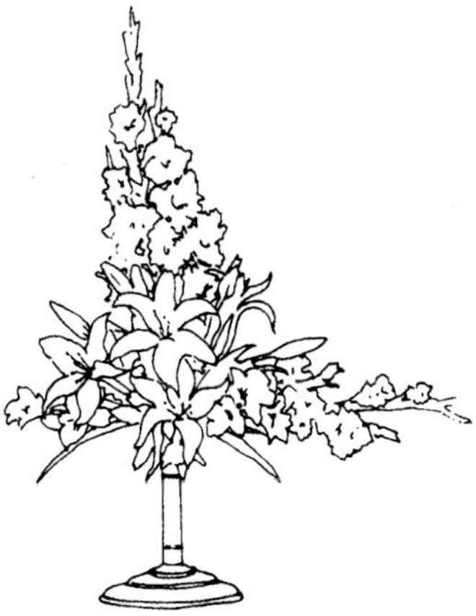

L　形

S　形

新月形

弧线形

不等边三角形

（3）花束

半球形

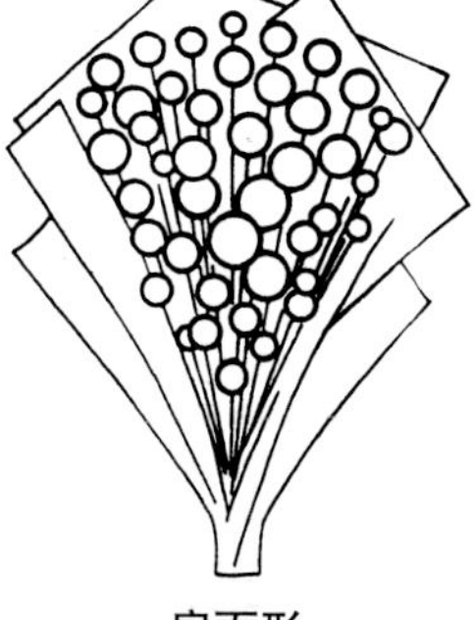

扇面形

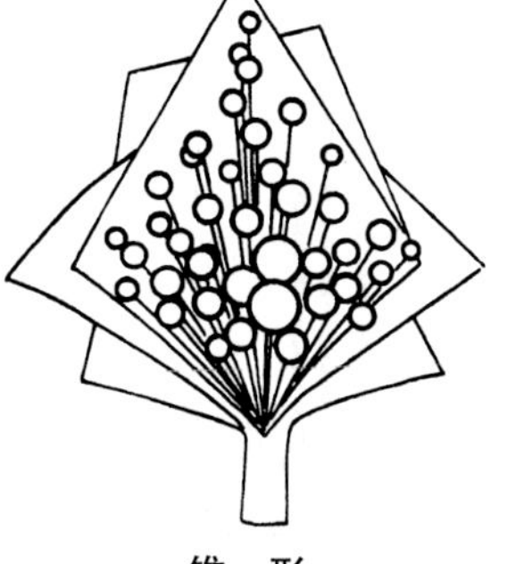

锥　形

（4）花蓝

（5）花环

2. 按主枝在容器中的位置和姿态分类

（1）直立式

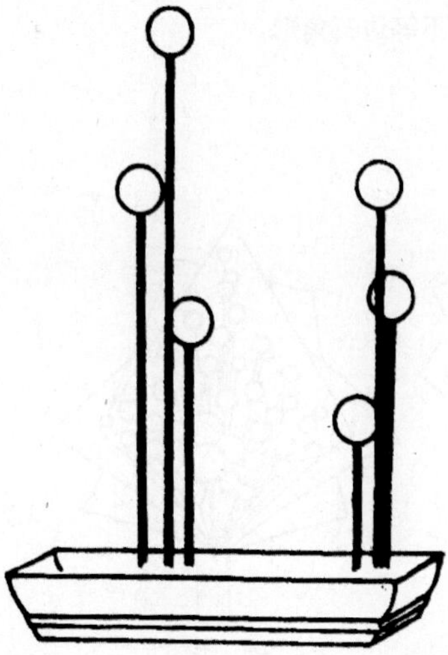
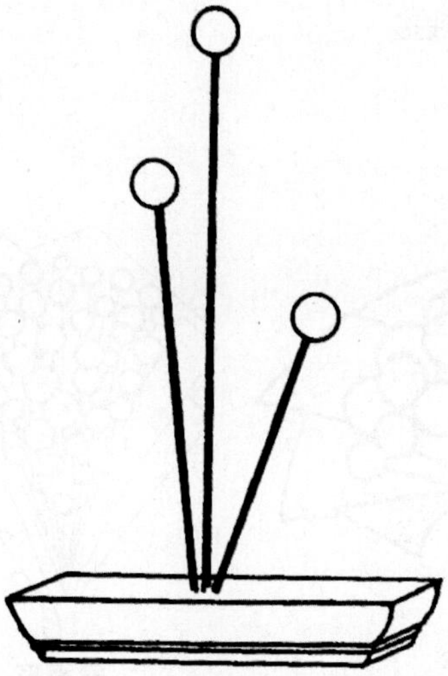
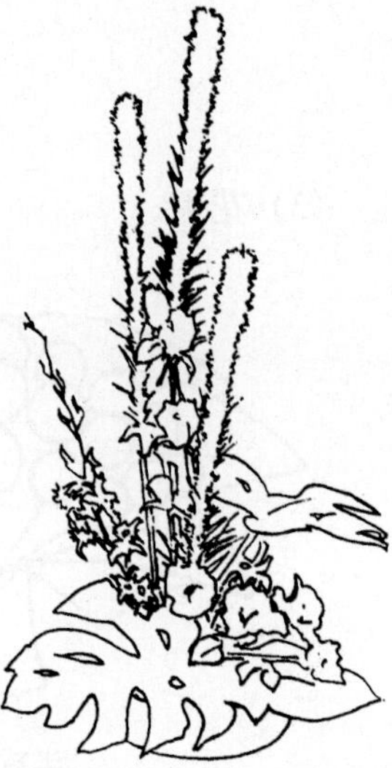

（2）倾斜式

（3）水平式

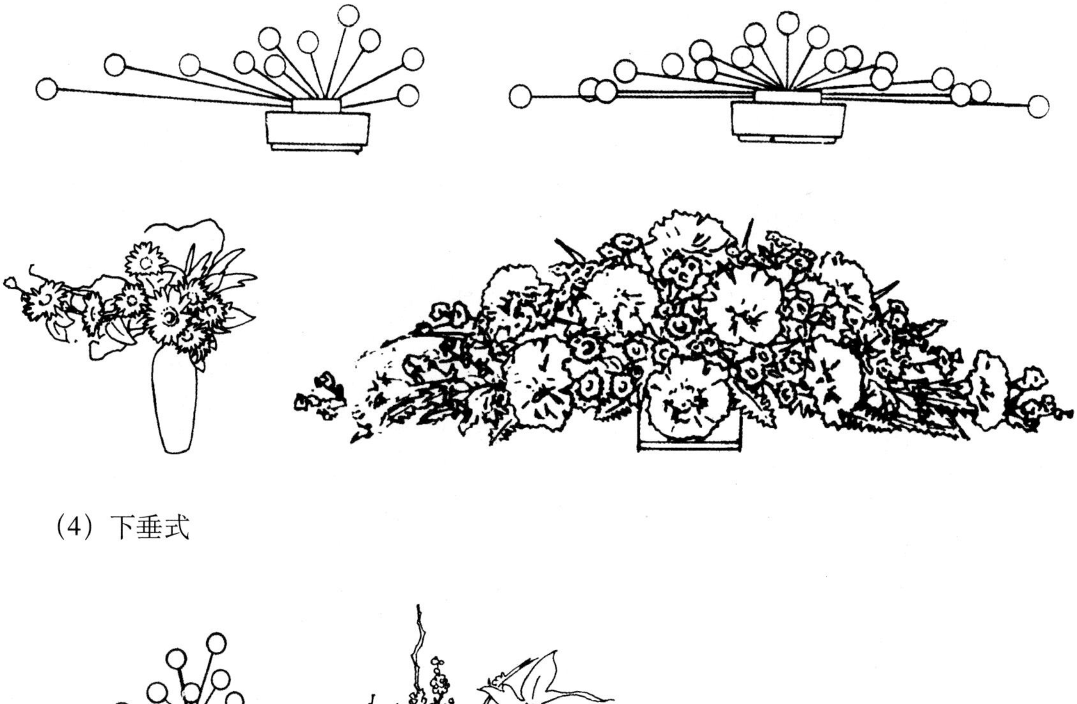

（4）下垂式

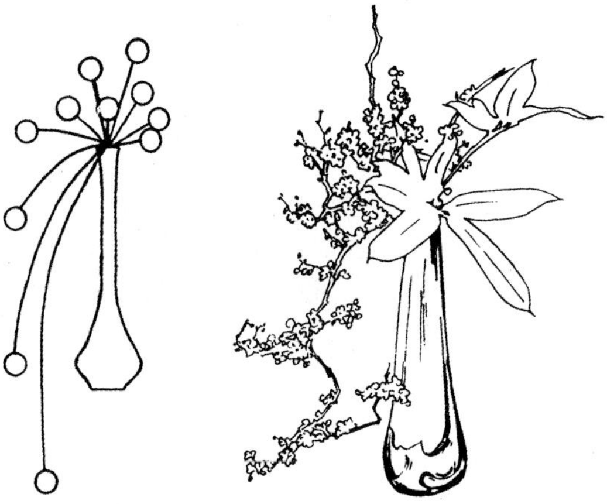

由于各种花材不同，故应按主枝在容器中的位置取势，即因材取势，使其各展特长，以营造出丰富多彩的形式美。

二、插花作品欣赏 （必修）了解

1. 礼仪插花

喜庆开幕

会场布置

情人花束

春节插花

怀念插花

翁向荣　刘瑰芳　陈绵君

2. 艺术插花

王莲英

胡赛中

薛立新

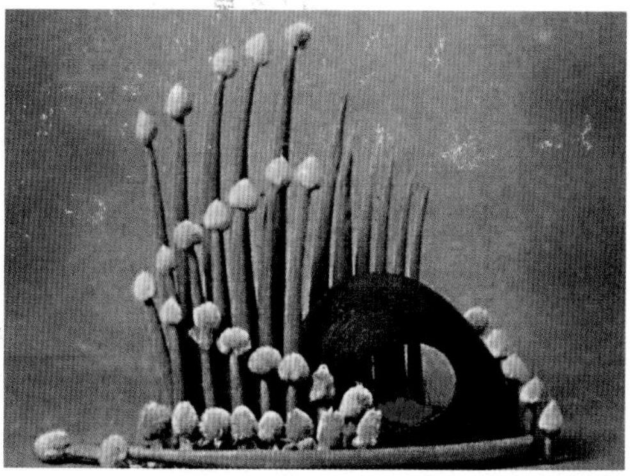

王绥枝

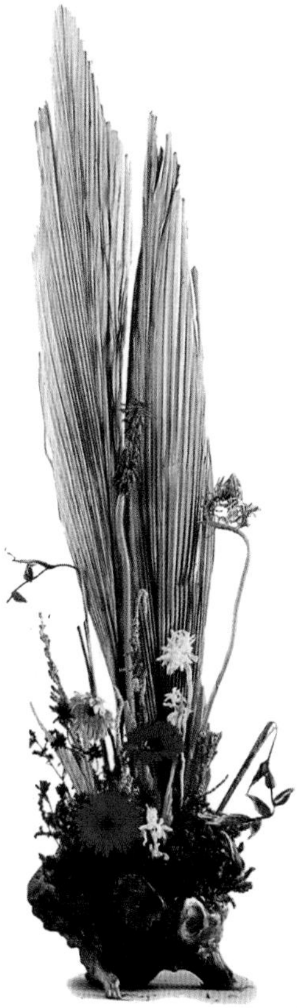

胡赛中

三、插花的创意与花语 （必修）了解

插花既然是一门艺术，又是以千姿百态、千变万化的植物材料为创作的要素。它的类别和造型就不会像其他纯技术学科那样，有统一的模式、规范的设计和造型。同时又因受不同国家和地区的地理位置、环境条件、民族文化、习俗、宗教信仰以及不同时代等的影响，加上对各种花的理解，寓意个别的也有不同，所以，为了更好地表现作者的主题思想，有必要了解一些流行花语。

常用花材的花语（寓意）

玫 瑰——爱情
白玫瑰——热情
粉玫瑰——初恋，爱的宣言，铭记于心
红玫瑰——热情，深爱你
黄玫瑰——道歉，拒绝
满天星——呵护，清纯，浪漫，温柔
蜡 梅——不畏严寒，品格
麦秆菊——永恒的记忆，铭刻在心
马蹄莲——希望，高洁
天堂鸟——潇洒，高贵，多情公子
康乃馨——感动母亲，母亲，我爱你
(红色—相信你的爱；粉色—热爱，亮丽；
白色—吾爱永在，真情)
红 掌——心心相印，爱心
向日葵——爱慕，光辉，忠诚，健康，稳重
百 合——百年好合，心想事成，顺利，高贵
香水百合——纯洁，婚礼的祝福
白百合——纯洁，庄严，心心相印
黄百合——胜利，高贵
橘红百合——财富，荣誉，高雅
菊花——长寿，高洁，清静
扶郎花——祝福，友爱，欣欣向荣，扶持郎君
郁金香——爱情，祝福永远，高贵
剑兰——步步高升，用心执着
水仙——冰清玉洁，多情，想你
蝴蝶兰——初恋
竹——胸怀坦荡
牡丹——高贵，刚直不曲，国色天香
勿忘我——勿忘我
银柳——春讯
晚香玉——寻找快乐

玫瑰花花数寓意

1朵玫瑰：对你情有独钟
2朵玫瑰：成双成对
3朵玫瑰：我爱你
4朵玫瑰：山盟海誓
5朵玫瑰：无怨无悔
6朵玫瑰：愿你一切顺利
7朵玫瑰：祝你幸运
8朵玫瑰：深深歉意，请原谅我
9朵玫瑰：彼此相爱长久
10朵玫瑰：完美的爱情
11朵玫瑰：今生最爱还是你
99朵玫瑰：知心相爱恒久远

张莲芳

内容提示：本节主要介绍插画的基本构图与造型，插花的创意与花语。

第二节 盆 景

盆景起源于中国，是集诗、画、园艺、美学、雕塑、制陶等学科技艺交融结合而成的一门技艺。

盆景是把现实和幻想、抒情与寓意、人为与自然巧妙地融汇在一个构思和谐的画面中，通过对山石、树木进行选材，又经过艺术的构思而再加工、造型，置于盆中，使其呈现出“无声的诗”“立体的画”“凝固的音乐”“缩地千里”“缩龙成寸”的独特魅力，给人以美的享受。

盆景，可分为山石盆景和树木盆景两大类。因各地的造型风格不尽相同，可分为南、北两大派：以广东、广西、福建等为岭南派，以上海、苏州、扬州、四川等为北派。

一、盆景的构图与布局 （必修）了解

一盆优秀的盆景作品，不是自然的照搬，而是将自然界中的具象形态，加以提炼升华，通过均衡、虚实、主次、对比、节奏以及中国画中的平远、深远、高远等各种构图手法，才能使盆景成为真正意义上的融自然美和艺术美为一体的结晶。形式美是盆景成败、优劣的关键。

1. 山水盆景常见的构图与布局

（1）近景式

悬崖式

象形式

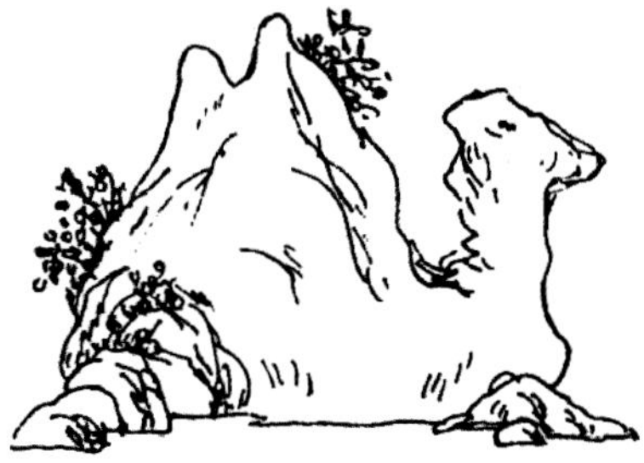

怪石式

（2）远景式

远 山

峰

峦

(3) 水旱式

水旱式

半旱式

(4) 挂壁式

(5) 附石式

挂壁式

附石式

(6) 供石

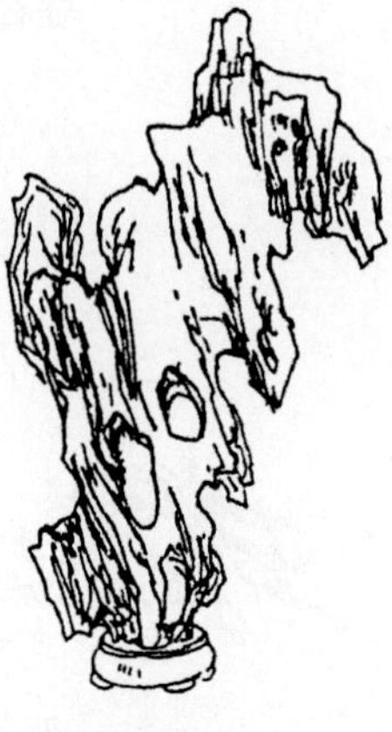

竖 式

横 式

2. 树桩盆景

吴义伯

赵庆泉

赵士杰

王选民

赵庆泉

内容提示：本节主要介绍盆景的构图与布局。

参 考 文 献

陈洪伟，毛靓 .2007. 景观及建筑表现技法[M]. 哈尔滨：东北林业大学出版社 .

陈通顺 .1983. 绘画图案[M]. 北京：人民美术出版社 .

冯钟平 .1988. 中国园林建筑[M]. 北京：清华大学出版社 .

宫六朝 .2005. 水粉静物基础教学[M]. 北京：中国纺织出版社 .

宫晓滨 .2002. 园林风景钢笔画[M]. 北京：中国文联出版社 .

蒋跃，池振明 .2004. 水彩静物范本[M]. 杭州：浙江人民出版社 .

李福成，宫六朝 .2005. 水粉静物[M]. 石家庄：花山文艺出版社 .

李宏 .2007. 建筑表现图手绘技法[M]. 北京：高等教育出版社 .

李鸣，柏影 .2013. 园林景观设计手绘表达教学对话，武汉：湖北美术出版社 .

李苗孜 .2004. 园林感悟集：暨设计与绘画作品[M]. 北京：中国青年出版社 .

彭一刚 .1978. 建筑绘画及表现图[M]. 北京：建筑出版社 .

史莹芳，李克俊，陈英夫 .2012. 景观手绘红皮书[M]. 北京：中国林业出版社 .

宋惠民 .1992. 美术之路素描色彩[M]. 沈阳：辽宁美术出版社 .

王莲英 .1998. 实用插花技法[M]. 福州：福建科技出版社 .

王伟 .2005. 设计色彩[M]. 沈阳：辽宁美术出版社 .

王彝鼎，邵中海 .1999. 山水与树桩盆景制作技艺[M]. 上海：上海科学技术出版社 .

吴国荣 .1999. 水粉画技法[M]. 杭州：浙江人民美术出版社 .

吴义曲 .2013. 钢笔淡彩风景手绘技法[M]. 武汉：湖北美术出版社 .

武千嶂 .2013. 实用速写手册：风景篇[M]. 上海：上海人民美术出版社 .

徐甲英 .1995. 美术[M]. 沈阳：辽宁美术出版社 .

严跃 .2001. 钢笔园林画技法[M]. 北京：中国青年出版社 .

尹贡白，于连笙 .1994. 制图字体[M]. 北京；测绘出版社 .

远宏 .2002. 色彩[M]. 北京：高等教育出版社 .

张家素 .2013. 风景速写[M]. 上海：上海人民美术出版社 .

张磊，史峰 .2013. 色彩静物[M]. 南京：南京大学出版社 .

[美]格雷格 · 艾伯特雷切尔 · 沃尔夫 .1999. 水彩基础技法[M]. 郝文建，译 . 沈阳：辽宁画报出版社 .

[英]海泽尔 · 哈里森 .1999. 水彩技法百科全书[M]. 马莉，乔琛，译 . 哈尔滨：黑龙江人民出版社 .

图书在版编目（CIP）数据

园林美术教程 / 马云龙，覃斌主编．—3版．—北京：中国农业出版社，2014.5
“十二五”职业教育国家规划教材　高等职业教育农业部“十二五”规划教材
ISBN　978-7-109-19052-8

Ⅰ．①园…　Ⅱ．①马…②覃…　Ⅲ．①园林艺术－绘画技法－高等职业教育－教材　Ⅳ．①TU986.1

中国版本图书馆CIP数据核字（2014）第064729号

中国农业出版社出版
（北京市朝阳区麦子店街18号楼）
（邮政编码　100125）
责任编辑　王　斌

北京中科印刷有限公司印刷　　新华书店北京发行所发行
2003年8月第1版　　2014年7月第3版
2014年7月第3版北京第1次印刷

开本：787mm × 1092mm　1/16　　印张：13
字数：300千字
定价：68.00元

三、版画 （必修）了解

蒲公英（水印木刻） 吴凡（中国）

版画起源于15世纪的德国，特点是作者用刀和笔等工具，在不同材料的版面上刻画或者通过腐蚀等手段制作，通过印制产生画面，可直接印出多份原作。早期大多用于复制图画，后来发展为独立的艺术形式。就版的性质和所用的材料，可分为凸版（如木板、麻胶板）、凹版（如铜版）和平版（如石板）。此外还有漏版，即丝网版画等形式。由于此画种也可套色又能多幅印刷，故能广泛传播，被运用在宣传、插图、广告、独立欣赏等领域。

人桥（水印木刻） 古元（1919—1996 中国）

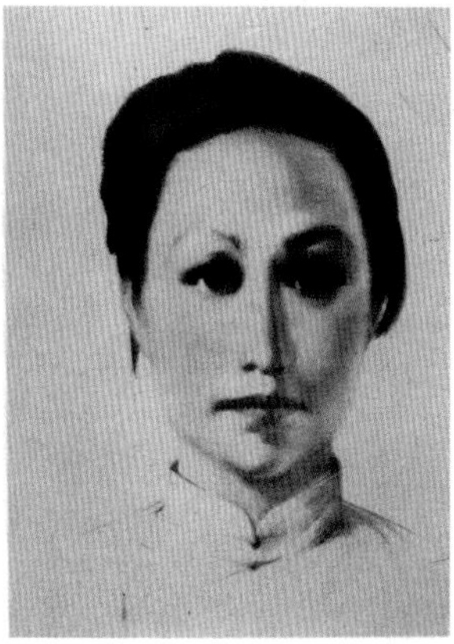

民族英雄赵一曼（石板） 李宏仁（中国）

两个洗澡女子（铜板） 佐恩（美国）

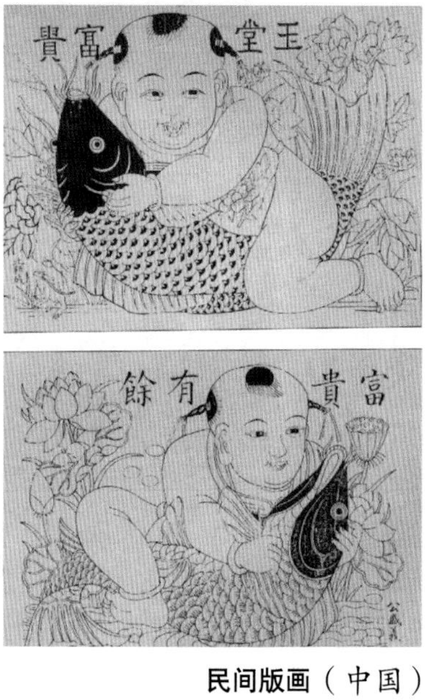

民间版画（中国）

内容提示：主要介绍石板、木板、铜板、套色等各种表现形式的作品。

四、国画（必修）了解

国画是中国画的简称，是具有悠久历史和优良传统的中国民族绘画，在世界美术领域中自成独立体系。国画大致可分为人物、山水、花鸟等画种。有工笔、写意、勾勒、没骨、设色、水墨等技法形式。以皴、擦、点、染、干、湿、浓、淡、阴、阳、向、背、虚、实、疏、密等表现手法，来描绘物象与经营构图。取景布局视野宽广，不拘泥于焦点透视。有壁画、屏障、卷轴、册页、扇面等画幅形式。并以特有的装裱工艺装潢画幅。

中国画强调“外师造化，中得心源”，要求“意存笔先，画尽意在”，做到以形写神，形神兼备。由于“书画同源”以及两者在达意抒情上都通过笔墨来体现，因此绘画同诗文、书法以至篆刻相互影响，日益结合，形成了显著的艺术特征。工具材料为中国特制的笔、墨、纸、砚和绢。

游华阳山图

石涛（清代）

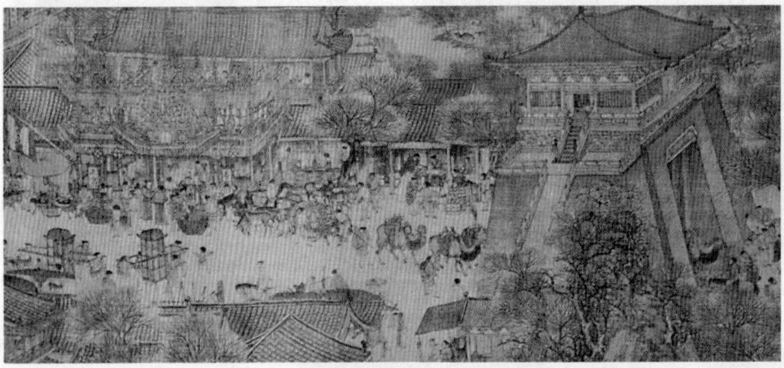

清明上河图 张择端（宋代）

雪景寒林

范宽（宋代）

写生珍禽图 黄筌（五代）